Mi...

W...stoffkunde

© VCH Verlagsgesellschaft mbH, D-69451 Weinheim (Bundesrepublik Deutschland), 1996

Vertrieb:

VCH, Postfach 10 11 61, D-69451 Weinheim (Bundesrepublik Deutschland)

Schweiz: VCH, Postfach, CH-4020 Basel (Schweiz)

United Kingdom und Irland: VCH (UK) Ltd., 8 Wellington Court, Cambridge CB1 1HZ (England)

USA und Canada: VCH, 220 East 23rd Street, New York, NY 10010-4606 (USA)

Japan: VCH, Eikow Building, 10-9 Hongo 1-chome, Bunkyo-ku, Tokyo 113 (Japan)

ISBN 978-3-527-28757-4

Michael M. Maier

Werkstoffkunde

Lehrbuch und Lernprogramm
für die betriebliche Ausbildung

2. vollständig überarbeitete Auflage

Michael M. Maier
Hoechst AG — Werk Knapsack
Aus- und Weiterbildung
D-50354 Hürth

Lektorat: Dr. Barbara Böck
Herstellerische Betreuung: Dipl.-Wirt.-Ing. (FH) Bernd Riedel

Die Deutsche Bibliothek — CIP-Einheitsaufnahme

Maier, Michael M. :
Werkstoffkunde : Lehrbuch und Lernprogramm für die
betriebliche Ausbildung / Michael M. Maier. — 2., vollst.
überarb. Aufl. — Weinheim ; Basel (Schweiz) ; Cambridge ; New
York, NY ; Tokyo : VCH, 1996
ISBN 978-3-527-28757-4

Satz: Filmsatz Unger & Sommer GmbH, D-69469 Weinheim

Vorwort zur 2. Auflage

Nach dem Erscheinen der ersten Auflage im Frühjahr 1988 hat sich auf den Gebieten der modernen Werkstofftechnik einiges getan. Es gibt eine Vielzahl neuer Werkstoffentwicklungen, die eine breite Anwendung in der Industrie, der Medizin, der Automobil- und Raumfahrttechnik finden. Die Anzahl der Patente auf dem Gebiet der Kunststoffe ist innerhalb der letzten zehn Jahre fast unüberschaubar geworden. Umfangreiche Forschungs- und Entwicklungsarbeiten tragen dazu bei, daß sogenannte High-Tech-Werkstoffe entstanden sind. Deren herausragende Eigenschaften lassen die daraus gefertigten Produkte noch leichter, noch belastbarer und noch leistungsfähiger werden. Der Wirtschaftlichkeit und der Umweltverträglichkeit der Werkstoffe kommt heute eine große Bedeutung zu.

Die moderne Werkstofftechnik ist durch eine breite Feingliederung in immer mehr Spezialgebiete gekennzeichnet, wie z. B. die Superleiter, Speziallegierungen oder die Hochleistungskunststoffe und -textilfasern. Dieses Buch kann und will dem Anspruch, auf dem letzten Stand der technischen Entwicklung zu sein, nicht gerecht werden. Vielmehr soll ein Grundlagenverständnis der Werkstoffkunde, basierend auf der bewährten Buchkonzeption der ersten Auflage, vermittelt werden. Mit dieser überarbeiteten Auflage wurde eine Aktualisierung und Ergänzung der einzelnen Kapitel angestrebt. Die ursprüngliche Struktur und Gliederung der Erstauflage wurde weitestgehend beibehalten.

Unterrichtsbegleitend und für das Selbststudium ist das Buch für handwerkliche, gewerblich-technische sowie naturwissenschaftliche Berufe und für die Vorbereitung auf die Industriemeisterprüfung geeignet. Der Aufbau als Lernprogramm und zahlreiche Übungen erlauben selbständiges Lernen und gleichzeitig die Kontrolle der eigenen Kenntnisse.

Diese 2. Auflage wäre ohne die tatkräftige und freundliche Unterstützung meiner Kollegen nicht zustande gekommen. Für ihre Mitwirkung danke ich insbesondere den Herren Walter Erkelenz, Bernd Königsmann und Georg Hemmersbach.

Hürth, im April 1996   *Michael Maier*

Inhaltsverzeichnis

Einleitung

Die Vielzahl der in der chemischen Industrie verwendeten Werkstoffe kann man in Werkstoffgruppen unterteilen. Üblich ist dabei die Einteilung in Eisen/Stahl-Werkstoffe, Nichteisen-Metalle (NE-Metalle), Verbundstoffe, Kunststoffe und Anorganische Werkstoffe. Das folgende Schema vermittelt einen Überblick; alle Werkstoffe werden in diesem Buch behandelt.

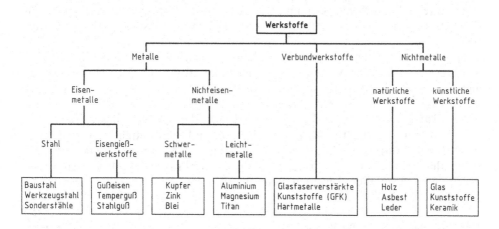

Für den chemischen Apparatebau sind Werkstoffe aus jeder Gruppe von Bedeutung, die Wahl eines geeigneten Werkstoffes wird bestimmt durch die Anforderungen, die sich aus Herstellung und Verwendung ergeben. Voraussetzung für die richtige Auswahl eines Werkstoffes im chemischen Apparatebau sind also die genaue Kenntnis der **physikalischen, technologischen** und **chemischen** Eigenschaften sowie die Berücksichtigung von **wirtschaftlichen Gesichtspunkten**.

Physikalische Eigenschaften der Werkstoffe sind: Festigkeit, Härte, Elastizität, Dehnung, Dichte, Schmelzpunkt und Leitfähigkeit für Wärme und Elektrizität. Sie geben Auskunft über die Belastbarkeit eines Werkstoffes sowie über seine Fähigkeit, bestimmte Aufgaben zu übernehmen. Sie entscheiden deshalb vor allem über die Einsatzmöglichkeiten der Werkstoffe. Physikalische Eigenschaften können genau gemessen und ihre Größen in Einheiten angegeben werden.

Technologische Eigenschaften bestimmen das Verhalten der einzelnen Werkstoffe beim Verarbeiten. Technologie ist die Lehre von der Gewinnung und Verarbeitung der Stoffe. Die technologischen Eigenschaften geben daher Auskunft, ob z. B. ein Werkstoff gießbar, schmiedbar, schweißbar oder spanend bearbeitbar ist. Dies kann meist nicht als Zahlenwert, sondern nur allgemein angegeben werden, wie z. B. gut schmiedbar, nicht schweißbar.

Gießbare Werkstoffe können in Formen gegossen werden.
Schmiedbare Werkstoffe können z. B. durch Schmieden und Walzen umgeformt werden.
Schweißbare Werkstoffe sind im erwärmten Zustand miteinander verbindbar.
Spanend bearbeitbare Werkstoffe können z. B. durch Bohren, Drehen und Schleifen geformt werden.

Chemische Eigenschaften beschreiben die Stoffveränderung der Werkstoffe. Durch die chemischen Eigenschaften werden die Einwirkung der Umgebung auf die Werkstoffe und umgekehrt bestimmt. Die wichtigsten Eigenschaften der Werkstoffe sind hierbei Korrosionsbeständigkeit, Brennbarkeit, Wärmebeständigkeit und Giftigkeit.

Viele Werkstoffe üben auf chemische Vorgänge Einfluß aus. Dieser Einfluß kann positiver oder negativer Art sein. Positiv beeinflussen z. B. eine Reihe von Schwermetallen chemische Reaktionen, indem sie als Katalysatoren wirken. Andere Elemente behindern chemische Reaktionen (Reaktionsgifte).

Auch kann es vorkommen, daß durch Werkstoff, der sich in geringem Maße löst, das Produkt unbrauchbar wird, wie z. B. Blei, das in Lebensmitteln zu Vergiftungen führt. Deshalb dürfen mit Lebensmitteln in Verbindung kommende Werkstoffe kein Blei enthalten. Es muß also vor der Auswahl der Werkstoffe geprüft werden, ob sie durch ihre chemischen Eigenschaften die Qualität der Produkte beeinflussen können.

Der Preis des Werkstoffs: Wie in der ganzen Wirtschaft gilt auch für die Werkstoffauswahl im Chemieanlagenbau der Grundsatz, daß jeweils der Werkstoff ausgewählt wird, der bei niedrigsten Kosten den gewünschten Zweck erfüllt.

Eisen/Stahl-Werkstoffe

Die Werkstoffe aus dieser Gruppe bestehen zum überwiegenden Teil aus dem Element Eisen.

Nach dem Kohlenstoffgehalt, der einen großen Einfluß auf die Eigenschaften der Eisen/Stahl-Werkstoffe hat, unterteilt man sie in **Eisenguß-Werkstoffe** und in **Stahl-Werkstoffe**. Als Stahl bezeichnet man solche Werkstoffe, deren Massenanteil an Eisen größer ist als der jedes anderen Elementes und die im allgemeinen weniger als 2 % Kohlenstoff aufweisen und andere Elemente enthalten. Einige Chromstähle allerdings enthalten mehr als 2 % Kohlenstoff. Der Wert von 2 % wird jedoch im allgemeinen als Grenzwert für die Unterscheidung zwischen Stahl und Gußeisen betrachtet. Neben dem Kohlenstoff können die Eisen/Stahl-Werkstoffe noch eine Reihe anderer Legierungselemente enthalten, so daß man unlegierten, niedrig legierten und hochlegierten Stahl unterscheidet.

Die **unlegierten** und **niedrig legierten** Eisen/Stahl-Werkstoffe werden besonders wegen ihrer hohen Zugfestigkeit und dem relativ niedrigen Preis verarbeitet. Sie stellen den Großteil der Werkstoffe im chemischen Apparatebau dar. Ihr Nachteil ist ihre geringe Korrosionsbeständigkeit.

Die **hochlegierten** Eisen/Stahl-Werkstoffe kommen dann zum Einsatz, wenn neben hoher Zugfestigkeit Korrosionsbeständigkeit und Schneidfähigkeit bei höheren Temperaturen gefordert werden. Sie sind jedoch relativ teuer.

Eisen, besonders in Form von STAHL, ist das wichtigste Gebrauchsmetall der chemischen Industrie.

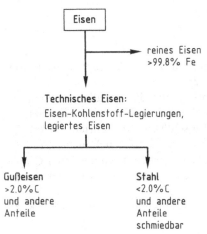

Stähle

Die zahlreichen Stahlsorten, die in der Technik verwendet werden, kann man ihrer Verwendung entsprechend den beiden Gruppen Baustähle und Werkzeugstähle zuordnen. Auf die Baustähle entfallen mehr als 30% der gesamten Stahlerzeugung. Innerhalb beider Gruppen gibt es unlegierte, niedrig legierte und hochlegierte Stähle.

Unlegierte Stähle: Unlegierte Stähle enthalten 0,06 bis 1,5% Kohlenstoff, sonst aber keine Legierungsbestandteile. Die Nichteisen-Bestandteile sind die Eisenbegleiter aus der Roheisen- und Stahlerzeugung. Diese Elemente dürfen festgelegte Grenzgehalte auf keinen Fall erreichen: z.B. 0,3% Chrom (Cr), 1,65% Mangan (Mn), 0,1% Aluminium (Al), 0,4% Kupfer (Cu), 0,4% Blei (Pb). Diese Eisenbegleitelemente zählen nicht als Legierungselemente. Die Festigkeit der unlegierten Stähle beträgt bis 850 N/mm^2.

Je nach ihrem Reinheitsgrad unterteilt man die unlegierten Stähle in **allgemeine Baustähle**, **Qualitätsstähle** und **Edelstähle**. Im chemischen Apparatebau werden vor allem die allgemeinen Baustähle eingesetzt.

Ihre Korrosionsbeständigkeit in Luft und gegen Wasser ist bedingt (BB), gegen Säuren und Laugen schlecht (U).

Sie finden Verwendung für Behälter, Rohre und Tanks sowie als Werkstoff für Stützkonstruktionen. Um sie vor Korrosion zu schützen, werden die Behälter zum Teil innen emailliert, die Stützkonstruktionen, Rohre und Tanks mit einem Außenanstrich versehen oder verzinkt.

Das Kurzzeichen der allgemeinen Baustähle besteht aus den Kennbuchstaben St, der Festigkeitskennzahl sowie der Kennziffer für die Gütegruppe.

Beispiel: | **St 37-2** |

St 37-2 ist also ein allgemeiner Baustahl mit einer Mindestzugfestigkeit von 37 · 9,81 N/mm^2 ≈ 363 N/mm^2 der Gütegruppe 2.

Die unlegierten Qualitätsstähle sind Stahlsorten, für die im allgemeinen kein gleichmäßiges Ansprechen auf eine Wärmebehandlung und keine Anforderungen an den Reinheitsgrad bezüglich nichtmetallischer Einschlüsse vorgeschrieben sind.

Besondere Eigenschaften dieser Qualitätsstähle sind Sprödbruchunempfindlichkeit, Tiefziehfähigkeit und Schweißbarkeit. Das Kurzzeichen der unlegierten Qualitätsstähle lautet C, dem die Kohlenstoffkennzahl, das ist der Kohlenstoffgehalt mit dem Faktor 100 multipliziert, nachgestellt ist.

Die Bezeichnung C 60 steht für einen unlegierten Qualitätsstahl mit einem Kohlenstoffgehalt von 0,6%.

Die unlegierten Stähle werden in der Regel in Form von vorgefertigten Walzwerkerzeugnissen wie Blechen, Rohren usw. verarbeitet.

Niedrig legierte Stähle: Die niedrig legierten Stähle enthalten bis 1% Kohlenstoff und außerdem insgesamt bis zu 5% andere Legierungselemente. Ihre Festigkeit kann bis 1900 N/mm^2 betragen.

Die häufigsten Legierungselemente sind Chrom (Cr), Nickel (Ni), Molybdän (Mo) und Mangan (Mn). Durch die Legierungselemente erhalten die Stähle höhere Festigkeit und Temperaturbeständigkeit. Ihre Korrosionsbeständigkeit ist jedoch nur geringfügig besser als die der unlegierten Stähle. Niedrig legierte Stähle und unlegierte Stähle mit einem C-Anteil von 0,22–0,6% lassen sich vergüten.

Vergüten bedeutet „Härten, danach Anlassen im oberen möglichen Temperaturbereich zur Erzielung guter Zähigkeit bei gegebener Zugfestigkeit."

Die Höhe der Anlaßtemperatur (ca. 250–680 °C) muß nach der gewünschten Kombination von Zugfestigkeit und Zähigkeit gewählt werden. Die Vergütungsstähle dienen zur Herstellung von z. B. Bolzen, Muttern, Schrauben und Kurbelwellen.

Die niedrig legierten Stähle werden zu Apparaten, Behältern und Rohren verarbeitet, die erhöhten Druck- oder Temperaturbelastungen ausgesetzt sind.

Das Kurzzeichen der niedrig legierten Stähle gibt Auskunft über ihre Zusammensetzung:

Beispiel: $\boxed{\textbf{13 CrMo 6 4}}$

Die erste Zahl, hier z. B. **13** besagt, daß sie einen Kohlenstoffgehalt von $\dfrac{13}{100} =$ 0,13% aufweisen. Dann folgen die Symbole der Legierungselemente, hier z. B. **Cr** und **Mo**, und danach die Gehalte der Legierungselemente, hier z. B. Chrom mit $\dfrac{6}{4} = 1,5\%$ und Molybdän mit $\dfrac{4}{10} = 0,40\%$.

Auch die niedrig legierten Stähle werden in der Regel in Form vorgefertigter Walzwerkerzeugnisse wie z. B. zu Blechen, Profilen und Rohren verarbeitet.

Hochlegierte Stähle: Die hochlegierten Stähle enthalten nur einen geringen Kohlenstoff-Anteil, aber deren Legierungsbestandteile andere Elemente, meist Chrom, Nickel, Molybdän und Wolfram, in der Summe einen Massenanteil von 5% übersteigt.

Dadurch werden ihre Festigkeit und Temperaturbeständigkeit, in besonderem Maße aber die Korrosionsbeständigkeit verbessert. Als nichtrostende Stähle gelten hochlegierte Stähle mit ≤1,2% Kohlenstoff und ≥10,5% Chrom.

Häufig hört man den Begriff „Baustahl". Baustähle nennt man die Stähle, die sowohl für allgemeine Bauzwecke als auch zur Anfertigung von Maschinenteilen aller Art verwendet werden. Es gibt Baustähle für untergeordnete Zwecke und solche, die höchsten Anforderungen genügen. Sie werden nach ihrer Zusammensetzung und Herstellung in Grund-, Qualitäts- und Edelstähle getrennt.

Allgemeine Baustähle sind Grundstähle und unlegierte Qualitätsstähle, bei denen die Mindestzugfestigkeit entscheidend ist. Sie wird daher im Kurzzeichen angegeben, z. B. St 50.

Die Zugfestigkeit ist um so größer, je höher der Kohlenstoff-Gehalt des Stahles ist. Mit steigendem C-Gehalt sinkt jedoch die Bruchdehnung, d.h. der Stahl wird spröder. Auch die Warm- und Kaltformbarkeit, die Schweißbarkeit und die spanende Bearbeitbarkeit werden schlechter.

Sie sind gegenüber Luft, Wasser sowie Laugen und den meisten Säuren beständig (B). Am häufigsten werden die sogenannten **Chrom-Nickel-Stähle** verwendet, die etwa 18% Chrom und 8% Nickel enthalten. Sie finden Verwendung als Werkstoff für Reaktoren, Behälter und Rohre, die nicht korrodieren dürfen, sowie bei der Verarbeitung säure- und laugehaltiger Produkte.

Aus dem Kurzzeichen der hochlegierten Stähle kann ihre Zusammensetzung abgelesen werden.

Beispiel: | **X 9 Cr Ni 18 8** |

Das vorgestellte **X** besagt, daß es sich um einen hochlegierten Stahl handelt. Die dann folgende Zahl, hier z.B. **9**, gibt an, daß der Kohlenstoffgehalt $\dfrac{9}{100} = 0,09\%$ beträgt. Legierungselemente sind in diesem Beispiel Chrom mit 18% und Nickel mit 8%.

Stahlguß

Unter Stahlguß versteht man in Formen gegossenen Stahl. Er wird vor allem dann eingesetzt, wenn die gegenüber Gußeisen besseren mechanischen Eigenschaften des Stahls erforderlich sind und wenn die komplizierte Form des Gegenstandes, z.B. bei einem Ventilgehäuse, eine andere Herstellung als durch Gießen nicht erlaubt.

Die Eigenschaften des Stahlguß-Werkstoffes entsprechen im wesentlichen den Eigenschaften des entsprechenden Stahls.

Die Kurzbezeichnung ist dieselbe wie bei dem entsprechenden Stahl mit einem vorgesetzten **GS** für Stahlguß.

Beispiel: | **GS-X 9 Cr Ni 18 8** |

Es handelt sich um einen nichtrostenden hochlegierten Stahlguß mit 0,09% Kohlenstoff, 18% Chrom und 8% Nickel.

Einfluß der Legierungsbestandteile auf Eisen/Stahl-Werkstoffe

Um die für viele Anwendungsbereiche nicht ausreichenden Eigenschaften der metallischen Werkstoffe zu verbessern, legiert man sie. Durch die Zugabe von verschiedenen Elementen erreicht man die gewünschten Eigenschaften.

Einfluß der Eisenbegleiter und der Legierungsbestandteile auf die Eigenschaften von Stahl und Eisen

	Bestandteil		erhöht	erniedrigt
Nichtmetalle	Kohlenstoff	C	Festigkeit, Härte, Härtbarkeit	Schmelzpunkt, Dehnung, Schweiß- und Schmiedbarkeit
	Phosphor	P	Dünnflüssigkeit, Kaltbrüchigkeit, Warmfestigkeit, Zugfestigkeit	Dehnung, Schlagfestigkeit, Schweißbarkeit
	Schwefel	S	Spanbrüchigkeit, Dickflüssigkeit, Rotbrüchigkeit	Schlagfestigkeit, Schweißbarkeit
	Stickstoff	N	Festigkeit, Sprödigkeit	Alterungsbeständigkeit
	Wasserstoff	H	Sprödigkeit, Zugfestigkeit	Kerbzähigkeit
	Silicium	Si	Elastizität, Festigkeit, Korrosionsbeständigkeit, Graphitausscheidung bei Gußeisen	Schweißbarkeit, Zerspanbarkeit
Metalle	Mangan	Mn	Durchhärtbarkeit, Festigkeit, Schlagfestigkeit, Verschleißfestigkeit	Zerspanbarkeit, Graphitausscheidung bei Grauguß
	Nickel	Ni	Zähigkeit, Festigkeit, Korrosionsbeständigkeit, elektrischer Widerstand, Durchhärtbarkeit	Wärmedehnung
	Chrom	Cr	Härte, Festigkeit, Warmfestigkeit, Verschleißfestigkeit, Korrosionsbeständigkeit	Dehnung (in geringem Maße)
	Vanadium	V	Dauerfestigkeit, Härte, Zähigkeit, Warmfestigkeit	Empfindlichkeit gegen Übererhitzung
	Molybdän	Mo	Härte, Warmfestigkeit, Dauerfestigkeit	Dehnung, Schmiedbarkeit
	Cobalt	Co	Härte, Schneidhaltigkeit, Warmfestigkeit, Zugfestigkeit	Zähigkeit
	Wolfram	W	Härte, Festigkeit, Korrosionsbeständigkeit, Warmfestigkeit, Schneidhaltigkeit	Dehnung (in geringem Maße)

Um Legierungen herzustellen, werden die Metalle im geschmolzenen Zustand ineinander gelöst. Die erstarrte Lösung bezeichnet man als Legierung. Die Eigenschaften einer Legierung weichen oft erheblich von denen der dazu verwendeten Einzelmetalle ab, z. B. in ihrer Festigkeit, Härte, Dehnung, in ihrem Schmelzpunkt, ihrer elektrischen Leitfähigkeit und Farbe.

Die Eigenschaften der Eisen/**Stahl**-Werkstoffe hängen weitgehend von ihren nichtmetallischen Zusatzstoffen und ihren Legierungsbestandteilen ab. Dabei ist jedoch nicht nur der prozentuale Anteil der Zusätze ausschlaggebend, sondern auch deren Zusammenstellung, da sich ihre Wirkungen gegenseitig beeinflussen.

Die vorstehende Tabelle zeigt eine Aufzählung von Metallen und Nichtmetallen und ihren Einfluß als Legierungsbestandteil auf die Legierung.

Normung von Stählen

Die systematische Werkstoffbezeichnung soll dem Fachmann in Kurzform die charakteristischen Merkmale eines Werkstoffes anzeigen.

Die Kurznamen der Stähle werden nach DIN 17006 festgelegt. Obwohl sie als Norm zurückgezogen wurde, wird sie heute noch am häufigsten verwendet.

Die Systematik der Werkstoffnummern der Stähle wird in der DIN 17007 Blatt 2 festgeschrieben.

Noch nicht allgemein verbreitet ist die Kurzbezeichnung nach Euronorm EN 10027 Teil 1 und 2.

Durch die Werkstoffbezeichnungen nach DIN 17006 können Herstellung, Zusammensetzung, Behandlungszustand und Eigenschaften der Eisenwerkstoffe angegeben werden. Verwendet werden Buchstaben und Zahlen. Ihre Bedeutung ist davon abhängig, an welcher Stelle und in welcher Reihenfolge sie innerhalb der Werkstoffbezeichnung erscheinen. Eine vollständige Werkstoffbezeichnung besteht aus dem Herstellungsteil, dem Zusammensetzungsteil und dem Behandlungsteil. Meist genügt zur Kennzeichnung eines Werkstoffes der Zusammensetzungsteil, der in jedem Fall vorhanden sein muß. Darüber hinaus können Angaben über die Herstellung vorangestellt oder Angaben über die Behandlung angehängt werden.

Angaben in den drei Teilen der Werkstoffbezeichnung nach DIN 17006

Herstellungsteil	Zusammensetzungsteil	Behandlungsteil
Erschmelzungsart, besondere Eigenschaften, Kennzeichen der Gußart	Zusammensetzung, Zugfestigkeit, Gütegruppe	Wärmebehandlung, Verformungsart, Gewährleistungsumfang

Beispiele:

Multiplikatoren für die Legierungselemente

4		10		100		1000	
Chrom	Cr	Aluminium	Al	Kohlenstoff	C	Bor	B
Cobalt	Co	Kupfer	Cu	Phosphor	P		
Mangan	Mn	Molybdän	Mo	Schwefel	S		
Nickel	Ni	Tantal	Ta	Stickstoff	N		
Silicium	Si	Titan	Ti				
Wolfram	W	Vanadium	V				
		Niob	Nb				
		Blei	Pb				
		Zirkonium	Zr				

Die Legierungselemente sind in der Stahlnormung nach ihrem Gehalt geordnet. Die zugehörigen Kennzahlen für die Anteile der Legierungselemente stehen zusammengefaßt hinter den Symbolen in der gleichen Reihenfolge wie diese. Legierungselemente ohne Gehaltsangabe sind nur in geringem Anteil enthalten. Damit sie für die Anteile der Legierungsmetalle ganze Zahlen ergeben, werden diese Anteile in Massenprozenten mit den Multiplikatoren 4, 10, 100 oder 1000 vervielfacht. Die gerundeten Werte erscheinen als Kennzahl der Legierungsmetalle.

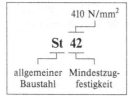

Allgemeine Baustähle haben das Kurzzeichen St, denen die Mindestzugfestigkeit in der Einheit N/mm^2 angehängt wird. Für das Beispiel gilt: $42 \cdot 9,81\ N/mm^2 \approx 412\ N/mm^2$, gerundet $410\ N/mm^2$.

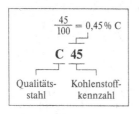

Unlegierter Qualitätsstahl mit 0,45% Kohlenstoff

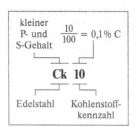

Edelstahl (unlegiert)

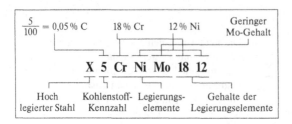

Hoch legierter Stahl

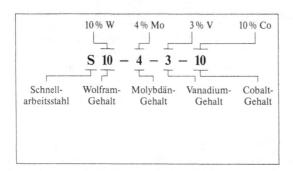

Schnellarbeitsstahl
Für die Schnellarbeitsstähle, Kennzeichen S, gilt eine spezielle Bezeichnung. Hinter dem Kennzeichen S werden in der bleibenden Reihenfolge Wolfram, Molybdän, Vanadium und gegebenenfalls Cobalt die annähernden Massenprozente dieser Legierungsmetalle angegeben. Die Zahlen sind hier durch einen Bindestrich getrennt.

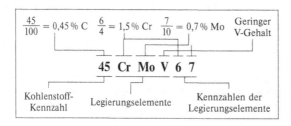

Niedrig legierter Stahl
Niedrig legierte Stähle enthalten bis zu max. 5% Legierungsbestandteile. Ihr Kurzzeichen setzt sich aus der Kohlenstoff-Kennzahl, dem chemischen Symbol der Legierungselemente und deren Kennzahlen zusammen.

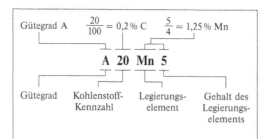

Bei niedrig legierten Stählen wird, sofern erforderlich, der **Gütegrad** des Stahls mit den Kennbuchstaben A, B, C und D angegeben. Diesem kann der Kennbuchstabe G für Stahlguß folgen, ebenfalls die Kohlenstoff-Kennzahl. Die Symbole für die wichtigsten Legierungselemente schließen sich in der Reihenfolge ihrer prozentualen Anteile an.

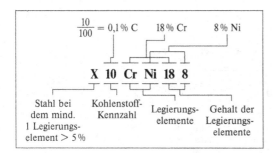

$\dfrac{10}{100} = 0,1\% \text{ C} \qquad 18\% \text{ Cr} \qquad 8\% \text{ Ni}$

X 10 Cr Ni 18 8

Stahl bei dem mind. 1 Legierungselement > 5% | Kohlenstoff-Kennzahl | Legierungselemente | Gehalt der Legierungselemente

Legierte Stähle, bei denen wenigstens **ein** Legierungselement einen Anteil von 5% übersteigt, werden mit einem vorangestellten X gekennzeichnet. Die weitere Kennzeichnung entspricht den Stählen mit einem Gehalt je Legierungselement von unter 5%, jedoch ohne Faktoren bei den Prozentgehalten der Legierungselemente.

Zur Erleichterung der Aussprache werden für die chemischen Zeichen der Legierungszusätze Kurzworte verwendet, z. B. für Cr kro, für Mn man. Das Kurzzeichen 16 Mn Cr 15 wird demnach „16 man kro 15" gesprochen.

Beispiele für die Benennung der Stähle nach der chemischen Zusammensetzung

Unlegierte Stähle

1 C 35   für eine Wärmebehandlung bestimmter unlegierter Stahl, mittlerer C-Gehalt 0,35%, Gütegrad 1

CD 30 Cr 1   unlegierter Stahl zur Herstellung von Walzdraht, C-Gehalt 0,3%, Zusatz von Chrom

GC 20   unlegierter Stahl zur Herstellung von Stahlformguß, dessen C-Gehalt 0,2% beträgt

Niedrig legierte und legierte Stähle mit einem Gehalt je Legierungselement unter 5%

A 20 Mn 5   niedrig legierter Stahl, mittlerer C-Gehalt 0,20%, Mangan-Gehalt 1,25%, Gütegrad A

18 NiCr 16   legierter Stahl, C-Gehalt 0,18%, Nickel-Gehalt um 4% und Chrom-Gehalt

G 90 Cr 4   legierter Stahl für Stahlformguß, mittlerer C-Gehalt 0,90%, mittlerer Chrom-Gehalt 1%

Legierte Stähle mit einem Gehalt mindestens eines Legierungselementes von 5% oder mehr

AX 15 Cr 18   nichtrostender Chromstahl, mittlerer C-Gehalt 0,15%, Chrom-Gehalt 18%, Gütegrad A

X 10 CrNi 188   korrosionsbeständiger Chrom-Nickel-Stahl, C-Gehalt 0,10%, Chrom-Gehalt 18%, Nickel-Gehalt 8%

GX 15 Cr 13   legierter Stahl für Stahlformguß, mittlerer C-Gehalt 0,15%, Chrom-Gehalt 13%

Kurzzeichen zur Angabe der Erschmelzungsart sind nicht vorgesehen. Sie werden, falls erforderlich, getrennt in vollem Wortlaut angegeben.

Beispiel:

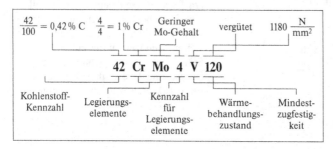

$$\frac{42}{100} = 0{,}42\,\%\ C \qquad \frac{4}{4} = 1\,\%\ Cr \qquad \text{Geringer Mo-Gehalt} \qquad \text{vergütet} \qquad 1180\ \frac{N}{mm^2}$$

42 Cr Mo 4 V 120

Kohlenstoff-Kennzahl	Legierungs-elemente	Kennzahl für Legierungs-elemente	Wärme-behandlungs-zustand	Mindest-zugfestig-keit

Aus diesem Beispiel der Stahlnormung lassen sich Angaben
zum Behandlungsteil entnehmen. Der Wärmebehandlungszu-
stand und die Art der Verformung werden durch Buchstaben
angegeben. Nach den Buchstaben für die Wärmebehandlung
(im Beispiel: V) kann die dabei erreichte Festigkeit angegeben
werden. Im gezeigten Beispiel bedeutet 120, daß der Stahl auf
eine Mindestzugfestigkeit von $120 \cdot 9{,}81\ N/mm^2 \approx 1180\ N/mm^2$
vergütet worden ist.

Beispiele für die Eisen- und Stahlnormung nach DIN 17006

Kurzzeichen	Benennung und Erklärung der Kurzzeichen
Unlegierte Stähle	
RSt 37-1	Allgemeiner Baustahl, beruhigt vergossen, mit 360 N/mm^2 Mindest-zugfestigkeit der Gütegruppe 1
ASt 42-1 .6	Alterungsbeständiger Stahl mit einer Mindestzugfestigkeit von 410 N/mm^2, einer garantierten Streckgrenze und einer garantierten Kerbschlagzähigkeit
TRSt 13 05 m	Feinblech aus beruhigt vergossenem Thomasstahl der Tiefziehgüte, mit bester Oberfläche, matt
Cm 15 E	Einsatzstahl mit 0,15 % C, gewährleisteter Schwefelspanne, im Einsatz gehärtet
C 35 V 70	Vergütungsstahl mit 0,35 % C, vergütet auf eine Mindestzugfestigkeit von 690 N/mm^2
Ck 45 N	Vergütungsstahl mit 0,45 % C und kleinem P- und S-Gehalt, normal-geglüht
C 110 W 1	Werkzeugstahl mit 1,1 % C der Güteklasse 1 (P- bzw. S-Gehalt höchsten 0,025 %)
Niedrig legierte Stähle	
9 SMn 28 K	Automatenstahl mit 0,09 % C, 0,28 % S, Mn-Gehalt nicht angegeben, kaltverformt
42 CrMo 4 V 90	Vergütungsstahl mit 0,42 % C, 1 % Chrom, Molybdän-Gehalt nicht angegeben, vergütet auf eine Mindestzugfestigkeit von 880 N/mm^2

Beispiele für die Eisen- und Stahlnormung nach DIN 17006

Kurzzeichen	Benennung und Erklärung der Kurzzeichen
65 Si 7 K 280	Federstahl mit 0,65% C, 1,75% Silicium, kaltverfestigt auf 2750 N/mm^2 Mindestzugfestigkeit
105 MnCr 4	Werkzeugstahl mit 1,05% C, 1% Mangan, Chrom-Gehalt nicht angegeben
Hoch legierte Stähle	
X 10 CrNi 18 8	Nichtrostender Stahl mit 0,1% C, 18% Chrom und 8% Nickel
S 10-4-3-10	Schnellarbeitsstahl mit 10% Wolfram, 4% Molybdän, 3% Vanadium und 10% Cobalt
Gußwerkstoffe	
GG-25	Gußeisen mit Lamellengraphit und einer Mindestzugfestigkeit von 250 N/mm^2
GGG-60	Gußeisen mit Kugelgraphit und einer Mindestzugfestigkeit von 590 N/mm^2
GS-38 .5	Stahlguß mit einer Mindestzugfestigkeit von 370 N/mm^2, einer garantierten Falt- und Stauchbarkeit und garantierten Kerbschlagzähigkeit
GS-22 Mo 4	Warmfester Stahlguß mit 0,22% C und 0,4% Molybdän
GTW-35	Weißer Temperguß mit einer Mindestzugfestigkeit von 340 N/mm^2

Bedeutung der Buchstaben nach ihrer Stellung in der vollständigen Werkstoffbezeichnung nach DIN 17006

Herstellungteil		Die Buchstaben bedeuten im Zusammensetzungsteil (Aussprache)		Behandlungteil	
A	Alterungsbeständig	Ag	Silber (arg), Al Aluminium (al)	A	Angelassen
		As	Arsen (as)		
B	Bessemerstahl	B	Bor (bor), Be Beryllium (ber)	B	Beste Bearbeitbarkeit
		Bi	Bismut (bi)		
C	–	C	Kohlenstoff (ze), Ce Cer (zer)	C	–
		Co	Cobalt (ko), Cr Chrom (kro)		
		Cu	Kupfer (ku)		
E	Elektrostahl (E-Stahl)	E	–	E	Einsatzgehärtet
EB	Elektrostahl basisch				
F	Stahl aus dem Flammofen	Fe	Eisen (fer)	F	Mindestzugfestigkeit in N/mm^2
		f	flamm- und induktionshärtbar		
G	Gegossen	G	–	G	Weichgeglüht
GG	Gußeisen mit Lamellengraphit (Grauguß)			g	glatt
GGG	Gußeisen mit Kugelgraphit				
GH	Hartguß				
GS	Stahlguß				
GTW	Temperguß weiß				
GTS	Temperguß schwarz				
GTP	Temperguß perlitisch				
GGK	Kokillengußeisen				
GSZ	Schleuder-Stahlguß				
H	Halbberuhigt vergossen	H	Unlegiertes Kesselblech	H	Gehärtet
				HF	Flammengehärtete Oberfläche
				HJ	Induktionsgehärtete Oberfläche
J	Elektrostahl aus dem Induktionsofen	J	–	J	–
K	–	k	kleiner Phosphor- und Schwefel-Gehalt	K	Kaltverformt
				KBK	Blankgezogen

Code	Bedeutung	Code	Bedeutung	Code	Bedeutung
L	Laugenrißbeständigkeit	Li	Lithium (li)	L	–
LE	Elektrostahl aus dem Lichtbogenofen			m	matt
M	Siemens-Martin-Stahl	Mg	Magnesium (mag)		
MB	Siemens-Martin-Stahl basisch	Mn	Mangan (man)		
MY	Siemens-Martin-Stahl sauer	Mo	Molybdän (mo)		
		m	gewährleistete Schwefelspanne bei unlegierten Stählen		
N	–	N	Stickstoff (en), Nb Niob (nob)	N	Normalgeglüht
		Ni	Nickel (ni)	NT	Nitriert
P	Eignung zum Gesenkschmieden	P	Phosphor (pe), Pb Blei (plomb)	P	–
Q	Eignung zum Abkanten	q	zum Kaltstauchen bestimmt	Q	–
R	Beruhigt vergossen	R	–	r	rauh
RR	Besonders beruhigt vergossen				
S	Schmelzschweißbar	S	Schwefel (es), Sb Antimon (stib)	S	Spannungsfreigeglüht
		Si	Silicium (si), Sn Zinn (stan)	SH	Geschält
		St	Stahl ohne chemische Angaben		
T	Thomas-Stahl	Ta	Tantal (ta), Ti Titan (ti)	T	–
U	Unberuhigt vergossen	U	–	U	Unbehandelt
V	–	V	Vanadium (vau)	V	Vergütet
W	Windgefrischter Stahl	W	Wolfram (we)	W	Werkzeugstahl unlegiert
X	–	X	Bei hoch legierten Stählen Multiplikator = 1	X	–
Y	Sauerstoffaufblas-Stahl	Y	–	Y	–
Z	Eignung zum Stangenziehen	Zn	Zink (zink), Zr Zirconium (zirk)	Z	–

Übungen 1

1. In welche Gruppen teilt man die Werkstoffe ein?

   _____

   _____

   _____

2. Welche Eigenschaften sind für die Werkstoffe in Chemie-Anlagen besonders wichtig?

   _____   _____

   _____   _____

3. Bei welchen Anforderungen verwendet man hochlegierte Stähle?

   _____   _____

   _____

4. Die Bezeichnung der Eisen/Stahl-Werkstoffe erfolgt in drei Unterteilungen. Nehmen Sie diese Unterteilung vor!

   _____   _____

   _____

5. Schreiben Sie für das folgende Kennzeichnungsbeispiel eine detaillierte Erklärung.

   _____

   | X | 5 | Cr | Ni | Mo | 18 | 12 |

   _____

6. Welcher Kurzname kennzeichnet einen hochlegierten Stahl?
   a) C 90 W 2
   b) 32 CrMo 12
   c) GG 30
   d) X 100 CrWMo 4 3

7. Was gibt die Zahl 37 in der Stahlkennzeichnung St 37 an?
   a) die Druckfestigkeit
   b) die Zugfestigkeit
   c) die Dehnbarkeit
   d) die chemische Zusammensetzung

8. Wodurch zeichnen sich Chrom-Nickel-legierte Stähle aus?
   a) gute elektrische Leitfähigkeit
   b) gute Gleiteigenschaften
   c) gute Korrosionsbeständigkeit
   d) gute Härtbarkeit

9. Um welchen Werkstoff handelt es sich bei

14 Ni Cr 10 2

   und welche Zusammensetzung hat er?

10. Welches Element im Stahl wirkt sich auf seine Gebrauchseigenschaften beson-
    ders nachteilig aus?
    a) Chrom
    b) Vanadium
    c) Silicium
    d) Schwefel

Eisen-Gußwerkstoffe

Gußeisen

Eine Eisen-Kohlenstoff-Legierung, deren Kohlenstoff-Gehalt $\geq 2,06$ bis 3,6% beträgt, wird als Gußeisen bezeichnet (Silicium-Gehalt bis 3%).

Gegenstände aus diesem Werkstoff können durch einfaches **Gießen** in Formen (Stand-, Schleuder-, Druckguß) erzeugt werden. Gußeisen erster Schmelzung entsteht direkt aus dem Hochofenabstich. Daraus werden zum Beispiel Rohre hergestellt.

Bessere Gußeisensorten werden unter erneutem Schmelzen mit Zusätzen erzeugt. Nach dem Abstechen wird dieses Gußeisen in Formen gefüllt und dort zum Erstarren gebracht. Seine Festigkeit ist relativ gut (200 N/mm^2 bis 800 N/mm^2), es ist aber spröde und darf deshalb keinen Schlagbelastungen ausgesetzt werden.

Je nach Zusammensetzung und Temperaturbehandlung entsteht Gußeisen mit unterschiedlichem Kristallgefüge und dadurch mit verschiedenen mechanischen Eigenschaften. Insbesondere spielt die Form des auskristallisierenden Kohlenstoffes eine wichtige Rolle.

Während Gußeisen mit Graphit in Lamellenform (Grauguß) spröde ist, läßt sich Gußeisen mit Graphit in Kugelform (Sphäroguß und Temperguß) stärker mechanisch beanspruchen (z.B. biegen und dehnen). Daneben werden Sondergußeisen mittels Zusätzen wie Silicium und Nickel für besondere Beanspruchungen hergestellt (korrosionsfester, geringerer Verschleiß).

Unlegiertes Gußeisen wird von korrodierenden Prozeß-Stoffen wie Säuren rascher angegriffen als Stahl. Es rostet auch schneller. Da es billiger und leichter vergießbar als Stahl ist, werden daraus Massengüter hergestellt.

Gußeisen findet Verwendung für Apparate, Armaturen und Rohre, die keiner besonders hohen Druckbelastung und Korrosion ausgesetzt sind und bei denen die komplizierte Form des Gegenstandes (z.B. Ventilgehäuse) eine Herstellung durch Gießen erfordert.

Um eine allgemeine Aussage über die Korrosionsbeständigkeit von Gußeisen zu machen, kann man folgendes sagen:

Die Korrosionsbeständigkeit des Gußeisens ist
- in Luft gut (B)
- gegen Wasser bedingt gut (BB)
- gegen Säuren und Laugen schlecht (U)

Bedeutung der Beständigkeitsangaben:

B: beständig

BB: bedingt beständig, d.h. der Werkstoff kann nur mit Einschränkungen, auch in bezug auf die Zeitdauer, verwendet werden

U: unbeständig

Die Korrosionsbeständigkeit verschiedener Werkstoffe gegen verschiedene Medien wird im Kapitel Werkstoffzerstörung/Korrosion auch unter Zuhilfenahme von Tabellenwerken genauer behandelt.

In der LE Werkstoffzerstörung/Korrosion sind die Korrosionsangaben genauer definiert. Hier geht der Masseverlust pro Zeiteinheit sowie der Masseverlust pro Flächeneinheit entscheidend mit ein.

Gußeisen wird mit einem Kurzzeichen bezeichnet, das aus zwei Buchstaben, z.B. GG- und einer Zahl besteht. GG-22 z.B. heißt, daß es sich um **Grauguß** mit einer Festigkeit von rund 220 N/mm^2 handelt.

Beispiel: **GG-22**

```
                     ┌────────────────────────┐
                     │  Eisengußwerkstoffe     │
                     └────────────────────────┘
```

Grauguß		Sphäroguß		Stahlguß	
Kurzzeichen	GG-	Kurzzeichen	GGG-	Kurzzeichen	GS-
Dichte	7,25 kg/dm^3	Dichte	7,2 kg/dm^3	Dichte	7,85 kg/dm^3
Schmelzpunkt	1150...1250°C	Schmelzpunkt	1400°C	Schmelzpunkt	1300...1400°C
Gießtemperatur	etwa 1350°C	Zugfestigkeit	400...800 N/mm^2	Zugfestigkeit	370...690 N/mm^2
Zugfestigkeit	100...390 N/mm^2	Dehnung	15...2%	Dehnung	25...8%
Dehnung	1%	Schwindmaß	0...2%	Schwindmaß	2%
Schwindmaß	1%				

Hartguß		Temperguß		
Kurzzeichen	GH-	Kurzzeichen	GTW-	GTS-
Dichte	7,25 kg/dm^3	Dichte	7,40 kg/dm^3	
Schmelzpunkt	1150...1250°C	Schmelzpunkt	1300°C	
Härte HB	350...650	Zugfestigkeit	340...640	340...690 N/mm^2
Dehnung	fast keine	Dehnung	15...2%	12...2%
		Schwindmaß	1...2%	0...1,5%

Gußeisen mit Lamellengraphit (Grauguß) ist ein Eisen-Kohlenstoff-Gußwerkstoff mit meist 2,8–3,5% Kohlenstoff und unterschiedlichen Anteilen an Silicium, Mangan und Begleitelementen. Der Kohlenstoff liegt vollständig oder überwiegend ungebunden als Graphit-Lamellen im Gesamtgefüge vor.

Die Zugfestigkeit liegt, je nach Gesamtgefüge, zwischen 100 und 400 N/mm^2, die Druckfestigkeit liegt demgegenüber zwischen 500 und 1500 N/mm^2.

Die mechanischen Eigenschaften des Gußeisens werden entscheidend durch Ausscheidung eines kugeligen an Stelle des lamellaren Graphits verbessert. Geringe Zusätze von Calcium und Magnesium bewirken eine Ausscheidung des Graphits in Kugelform. Dieser Sphäroguß (Gußeisen mit Kugelgraphit) ist weniger schlagempfindlich, besitzt eine gute Dehnung und Festigkeit sowie einen hohen Verschleißwiderstand. Die Zugfestigkeit kann bis zu 800 N/mm^2 betragen.

Sphäroguß ist warmfest und weist eine relativ gute chemische Beständigkeit auf. Er wird zu Kurbelwellen, Getriebegehäusen, Zahnrädern und Laufrollen sowie zu Rohrleitungen, Pumpen, Turbinen und Öfen für die chemische Industrie vergossen.

Sphäroguß hat das Kurzzeichen **GGG** für: Gußeisen mit globularem Graphit (Kugelgraphitguß ist Gußeisen mit kugeligem Graphit).

Der Kohlenstoff im Temperguß liegt, im Gegensatz zum Gußeisen, mit Lamellen- und Kugelgraphit, in gebundener Form als Eisencarbid vor.

Der Ausgangsguß muß einer Glühbehandlung, dem Tempern (lat.: temperare = mäßigen), unterworfen werden, damit das Eisencarbid zerfällt und sich der Kohlenstoff vollständig oder überwiegend als Graphit in Form kompakter Temperkohleknoten zerfällt.

Es sind zwei Tempergußarten zu unterscheiden, der weiße (GTW) und der schwarze Temperguß (GTS). Der weiße Temperguß entsteht bei einer Glühbehandlung in sauerstoffhaltiger Ofenatmosphäre, wobei dagegen beim schwarzen Temperguß eine inerte Atmosphäre vorliegt. Der Temperguß hat eine wesentlich bessere Festigkeit als Grauguß und ist weniger schlagempfindlich.

Temperguß eignet sich für Gußstücke, die zäh sein müssen, z.B. Hebel, Schlüssel, Schloßteile, Fittings, Kupplungsscheiben und Schwungräder.

Das Kurzzeichen für Temperguß ist **GT**.

Legiertes Gußeisen: Alle Gußeisenarten können zur Erzielung besonderer Eigenschaften wie Warmfestigkeit, Korrosions-, Maß-, Temperaturschock-, Säure- und Laugenbeständigkeit, legiert werden. Legierungsbestandteile sind vor allem Nickel, Chrom, Silicium, Mangan und Kupfer.

Stahlguß

Zur Gruppe der Eisen-Gußwerkstoffe zählt neben den Gußeisen-Werkstoffen auch der **Stahlguß**.

Unter Stahlguß versteht man Eisen-Kohlenstoff-Gußwerkstoffe mit Kohlenstoffgehalten bis zu rund 2%, die nach Eingießen in eine Negativ-Hohlform direkt vom schmelzflüssigen Zustand in Gußstücke mit bestimmter Gestalt überführt werden.

Stahlgußstücke werden zur Erzielung bestimmter Gefüge bzw. Eigenschaften grundsätzlich einer Wärmebehandlung unterzogen. Ausgenommen davon sind Teile aus hochlegierten umwandlungsfreien Sorten.

Beim Stahlguß verbinden sich die Vorteile des Stahls – gute Festigkeit und Zähigkeit – mit der Möglichkeit, durch Gießen komplizierte Werkstückformen (z.B. Ventilgehäuse) wirtschaftlich zu fertigen.

Verwendung: Stahlguß wird für hoch beanspruchte Maschinen- und Motorenteile verwendet, die wegen ihrer Form nur durch Gießen wirtschaftlich gefertigt werden können. Es sind dies Teile für den Großmaschinenbau wie Turbinengehäuse, Schaufelräder sowie Kleinteile für Armaturen.

Die Eigenschaften des Stahlguß-Werkstoffes entsprechen im wesentlichen den Eigenschaften des entsprechenden Stahls.

Die Kurzbezeichnung ist dieselbe wie bei dem entsprechenden Stahl mit einem vorgesetzten GS- für **Stahlguß**.

Beispiele:

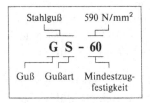

GS-X9 Cr Ni 18 8

Eisen-Gußwerkstoffe

Kohlenstoffgehalt der Eisenwerkstoffe

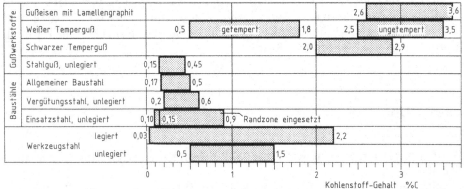

Übungen 2

1. Eine Eisen-Kohlenstoff-Legierung, deren Kohlenstoff-Gehalt ____% beträgt, wird als Gußeisen bezeichnet.

2. Der im Gußeisen enthaltene Kohlenstoff kann entweder als _____ graphit oder als _____ graphit vorliegen.
So liegt in Grauguß (GG) _____ graphit, im Temperguß und Sphäroguß _____ graphit vor.

3. Was ist Stahlguß?

   _____

   _____

4. Wozu wird Stahlguß verwendet?

   _____

   _____

   _____

   _____

   _____

   _____

5. Ein Werkstoff ist mit folgender Kurzbezeichnung versehen.

   GG-20

   Was kann man aus dieser Angabe entnehmen?

   ┌─ GG-20 ─┐

   _____   _____

6. Welcher Beanspruchung dürfen Werkstücke aus Gußeisen nicht ausgesetzt werden?
   a) Zugbeanspruchung
   b) Druckbeanspruchung
   c) Scherbeanspruchung
   d) Schlagbeanspruchung

Quellenangabe:
Fachkunde Metall, 48. Auflage, Verlag Europa.
Werkstofftechnik für Metallberufe von Dr. Eckhard Ignatowitz, Verlag Europa.
Ullmanns Encyklopädie der technischen Chemie, 4. Auflage, Band 10, Verlag Chemie.

Nichteisen-Metalle

Neben den Eisen/Stahl-Werkstoffen finden einige ausgesuchte Nichteisen-Metalle (NE-Metalle) sowie deren Legierungen für Spezialzwecke Verwendung.

Zu den Nichteisen-Metallen zählen alle reinen Metalle, mit Ausnahme des Eisens, und alle Legierungen, bei denen das Eisen nicht den größten Einzelgehalt darstellt.

NE-Metalle werden in **Schwermetalle** und **Leichtmetalle** unterteilt.

- Schwermetalle haben eine Dichte $\geqq 5 \text{ gcm}^{-3}$
- Leichtmetalle haben eine Dichte $< 5 \text{ gcm}^{-3}$

Eigenschaften und Benennung der reinen Metalle

Die meisten reinen Metalle sind weich und besitzen nur eine geringe Festigkeit. Je höher der Reinheitsgrad ist, desto höher sind Schmelzpunkt, elektrische Leitfähigkeit und Korrosionsbeständigkeit.

Bei der Benennung wird hinter dem chemischen Symbol der geforderte Mindestreinheitsgrad in Massenprozenten angegeben. So ist z. B. Zn 99,99 ein Feinzink mit einem Reinheitsgrad von 99,99%.

Bei Kupfer dagegen wird der Reinheitsgrad durch die Buchstaben A bis F gekennzeichnet. Dabei ist F-Cu reiner als A-Cu.

Für E-Cu (Elektrolyt-Kupfer) ist nur die elektrische Leitfähigkeit maßgebend. Sauerstofffreie Kupfer-Sorten werden durch ein S gekennzeichnet. Z. B. ist SF-Cu ein sauerstofffreies Kupfer mit einem Reinheitsgrad von 99,9%.

Die Eigenschaften der reinen Metalle lassen sich durch Legieren verbessern, auch können dadurch bestimmte Eigenschaften erzielt werden.

Unter Legieren versteht man das Mischen zweier oder mehrerer Metalle im flüssigen Zustand. Dabei werden Härte und Festigkeit fast immer erhöht, während Dehnung und elektrische Leitfähigkeit abnehmen. Legierungen haben stets einen niedrigeren Schmelzpunkt als das in der Legierung enthaltene Metall mit dem höchsten Schmelzpunkt; er kann sogar niedriger sein als der des niedrigst schmelzenden Metalls der Legierung. Auch die Farbe eines Metalls läßt sich durch Legieren verändern.

Nichteisen-Schwermetalle

NE-Schwermetalle können in Buntmetalle, Weißmetalle, Legierungsmetalle und Edelmetalle unterteilt werden.

Einteilung der NE-Schwermetalle

Buntmetalle	Kupfer (Cu) ⎫
	Nickel (Ni) ⎬ und ihre Legierungen
	Zink (Zn) ⎭
Weißmetalle	Blei (Pb) ⎫
	Zinn (Sn) ⎬ und ihre Legierungen
	Antimon (Sb) ⎭
Legierungsmetalle	höchstschmelzende: Wolfram (W), Molybdän (Mo), Tantal (Ta)
	hochschmelzende: Chrom (Cr), Mangan (Mn), Vanadium (V), Kobalt (Co)
	niedrigschmelzende: Cadmium (Cd), Bismut (Bi)
Edelmetalle	Silber (Ag), Gold (Au), Platin (Pt) und Pt-Metalle

Buntmetalle. Zu den Buntmetallen zählen die Metalle Kupfer, Nickel, Zink und ihre Legierungen. Sie sind die am meisten verwendeten NE-Metalle.

Kupfer und Kupfer-Legierungen

Eigenschaften: Reines Kupfer ist sehr weich, zäh und sehr dehnbar. Es besitzt eine hohe Leifähigkeit für Wärme und Elektrizität und ist korrosionsbeständig. An der Luft bildet sich auf seiner Oberfläche eine dünne grüne Schutzschicht aus Kupfercarbonat, Patina genannt. Kommt Kupfer mit Essigsäure in Berührung, entsteht der giftige Grünspan.

Kupfer-Legierungen wie Messing und Bronze verdanken ihre Anwendung im chemischen Apparatebau vor allem ihrer leichten Formbarkeit, der guten Wärmeleitung sowie der Korrosionsbeständigkeit. In der Festigkeit sind sie den Eisen/Stahl-Werkstoffen deutlich unterlegen (150 N/mm^2 bis 250 N/mm^2).

Verwendung: Aus Kupfer und Kupfer-Legierungen stellt man u.a. Wärmeüberträger (Heizschlangen, Wärmetauscher, Kondensatoren) her.

Kupfer-Zink-Legierungen (MESSING) gehören zu den am meisten verwendeten NE-Schwermetall-Legierungen.

Messing enthält 10–45% Zink. Man benötigt es zur Herstellung von Teilen von Absperrorganen, Muttern und Schrauben.

Kupfer-Zinn-Legierungen (BRONZE) sind korrosionsbeständiger als Messing und besitzen hohe Zugfestigkeit und gute Verschleißfestigkeit.

Messing und Bronze finden Verwendung für Teile von Absperr- und Flußmeßorganen.

Sonderbronzen:
Aluminium-Bronze mit 4–13% Aluminium z. B. für Pumpengehäuse
Silicium-Bronze mit 4% Silicium z. B. für hoch beanspruchte Ventile
Beryllium-Bronze mit 2–20% Beryllium z. B. für funkenarmes Werkzeug, Mühlen.

Nickel und Nickel-Legierungen

Eigenschaften: Nickel ist ein silberweißes Metall, das sich gut polieren läßt. Es besitzt hohe Festigkeit und Dehnung, und es ist äußerst korrosionsbeständig. Nur von schwefelhaltigen Verbindungen wird es angegriffen. Nickel und Nickel-Legierungen weisen gegenüber den Chrom-Nickel-Stählen eine verbesserte Korrosionsbeständigkeit auf, besonders gegenüber heißen, oxidierenden Gasen und Säuren. Sie finden wegen ihres hohen Preises jedoch nur für Spezialzwecke Verwendung.

Verwendung: Nickel wird für galvanische Überzüge, zur Herstellung von legierten Stählen und sonstigen Legierungen für den chemischen Apparatebau verwendet.

Nickel-Legierungen:
MONEL mit 63–67% Ni, 28–34% Cu, Rest Fe, Mn, C, Si.
Monel ist säurebeständiger als Chrom-Nickel-Molybdän-Stahl.
Hastelloy mit 61% Ni, 26–30% Mo, 4–7% Fe.
Diese Legierung ist beständig gegen Salzsäure und Schwefelsäure.
Hastelloy mit 51% Ni, 16% Cr, 17% Mo, 5% W, 4–7% Fe.
Diese Legierung ist beständig gegen Chlor und Salpetersäure.
Für die Herstellung von elektrischen Heizdrähten verwendet man z. B. eine Legierung aus 80% Ni, 20% Cr.

Zink und Zink-Legierungen

Eigenschaften: In reinem Zustand ist Zink ein bläulichweißes Metall. Es hat von allen festen Metallen den größten Wärmeausdehnungskoeffizienten. In feuchter Luft überzieht es sich mit einer festhaftenden Schutzschicht aus Zinkcarbonat. Die Korrosionsbeständigkeit gegen Säuren und Salze ist gering.

Gelöste Zink-Verbindungen sind giftig. Deshalb dürfen in verzinkten Gefäßen keine Nahrungsmittel aufbewahrt werden.

Verwendung: Als reines Metall findet Zink wenig Verwendung. Es wird aber zum Legieren und für Korrosionsschutzüberzüge gegen die Korrosion von Gegenständen aus Eisenwerkstoffen benutzt wie z. B. bei verzinktem Stahlblech.

Weißmetalle

Zu den Weißmetallen zählen Blei, Zinn, Antimon und ihre Legierungen.

Blei und Blei-Legierungen

Eigenschaften: Blei ist ein blaugraues, schweres Metall (Dichte: 11,3 g/cm^3). Es ist weich und kann leicht zum Fließen gebracht werden. Gegen Säuren besitzt es eine gute Korrosionsbeständigkeit und bietet den besten Schutz gegen Röntgenstrahlen und Strahlen radioaktiver Stoffe.

Blei und seine Verbindungen sind sehr giftig; deshalb gelten für die Arbeit mit ihnen besondere Schutzvorschriften.

Verwendung: Blei wird für Strahlenschutzeinrichtungen, verbleite Stahlbleche, säurebeständige Behälter, Akkumulatorenplatten, Schutzmäntel für Kabel, Rohre, Bleimennige, Kristallglas und optische Gläser verwendet.

Blei-Legierungen:
Hartblei mit 5 % Antimon für Akkumulatoren
Lagermetall mit 15 % Antimon für Gleitlager.

Zinn und Zinn-Legierungen

Zinn (Sn) ist ein silberweißes bis grauglänzendes Metall, das gegen Luft und Wasser korrosionsbeständig ist. Von Säuren und Laugen wird es jedoch angegriffen. Bei tieferen Temperaturen kann Zinn zu einem grauen Pulver zerfallen (Zinnpest).

Verwendung: In der Industrie dient reines Zinn als Überzug von Stahlblech (Weißblech) sowie als Legierungselement für Legierungen und Lote.

Die wichtigsten Zinn-Legierungen sind die Lote. Sie enthalten 12 bis 90 % Zinn, außerdem Blei, Antimon, Wismut (Bismut) oder Cadmium, z. B. L-Sn 60 Pb.

Antimon

Antimon (Sb) ist ein silberweißglänzendes, sprödes Metall, das fast ausschließlich als Legierungsmetall Verwendung findet. Es erhöht die Härte von Hartblei und von Blei-Lagermetallen.

Legierungsmetalle

Die Legierungsmetalle teilt man in höchst, hoch und niedrig schmelzende Legierungsmetalle ein. Die folgende Tabelle zeigt eine Übersicht der Eigenschaften und der Verwendung der Legierungsmetalle.

Eigenschaften und Verwendung der Legierungsmetalle

Metall Symbol	Eigenschaften Dichte g/cm^3	Schmelzpunkt °C		Verwendung
Höchstschmelzende Legierungsmetalle				
Wolfram W	19,3	3380 (höchster Schmelzpunkt der Metalle)	Farbe: stahlgrau; sehr hart und zäh, warmkorrosionsbeständig gegen Säuren	Legierungsmetall für Stahl, Hartmetalle, Schweißelektroden, Kontaktwerkstoff, Glühfäden für Glühlampen
Molybdän Mo	10,2	2600	Farbe: silberweiß; hochzugfest, korrosionsbeständig	Legierungsmetall für Stahl, Verschleißschichten, Heizleiter, Röntgenröhren
Tantal Ta	16,66	3000	Farbe: grauglänzend; hart und zäh, korrosionsbeständig gegen Säuren	Hartmetalle, Eichgewichte, Hochvakuumtechnik, medizinische Instrumente
Hochschmelzende Legierungsmetalle				
Chrom Cr	7,1	1900	Farbe: stahlgrau; hart und spröde, sehr korrosionsbeständig	Legierungsmetall für Stahl, galvanische Überzüge (Rostschutz), Hartverchromung für Werkzeuge und Preßformen
Mangan Mn	7,3	1250	Farbe: grauweiß; hart und spröde	Legierungsmetall für Stahl, Kupfer und Leichtmetalle
Vanadium V	6,0	1720	Farbe: stahlgrau; hart und spröde	Legierungsmetall für Stahl
Cobalt Co	8,8	1490	Farbe: rötlichweiß bis stahlblau; sehr zäh, nickelähnliche Eigenschaften	Legierungsmetall für Stahl, Hartmetalle, Dauermagnete
Niedrigschmelzende Legierungsmetalle				
Cadmium Cd	8,64	320,9	Farbe: silberweiß; niedrigschmelzend, weich und zäh, korrosionsbeständig, Dämpfe giftig	Lagermetalle, Vercadmen von Eisen, Stahl und Aluminium
Bismut Bi	9,8	271	Farbe: rötlichweiß glänzend; leicht schmelzend, Ausdehnung beim Erstarren	Elektrische Sicherungen, Kühlmittel im Reaktorbau

Edelmetalle

Wegen ihrer Weichheit lassen sich die technisch wichtigsten Edelmetalle, nämlich Gold (Au), Silber (Ag) und Platin (Pt), zwar recht gut bearbeiten, sie sind aber wenig erosionsfest. Edelmetalle sind gegenüber den meisten Prozeß-Stoffen korrosionsfest. Nicht beständig sind sie gegen Königswasser und schmelzende Alkalihydroxide.

Silber wird massiv für kleine und als Auskleidung für größere Apparate verwendet.
Gold kann auf Silber eingehämmert oder galvanisch aufgebracht werden.
Gold, Silber und Platin werden für Auskleidungen und Beschichtungen verwendet sowie für die Herstellung elektrischer Kontakte und als Elektroden.
Platin wird für Thermoelemente, Widerstandsthermometer und, feinst verteilt, als Hydrierkatalysator (Zündgefahr) gebraucht.

Nichteisen-Leichtmetalle

Aluminium und Aluminium-Legierungen

Eigenschaften: Aluminium ist ein silberweißes Metall, das sich an der Luft mit einer dünnen, aber dichten und festhaftenden Oxidschicht überzieht und dadurch sehr korrosionsbeständig wird (Passivierung). Es besitzt gute elektrische Leitfähigkeit (etwa 65 % der des Kupfers) und ist ein guter Wärmeleiter. Es läßt sich gut verarbeiten und mit vielen anderen Schwer- und Leichtmetallen legieren.

Aluminium und Aluminium-Legierungen haben ausreichende Korrosionsbeständigkeit gegenüber Wasser und schwachen Säuren. Von Laugen und starken Säuren werden sie rasch angegriffen.

Ihre Festigkeit ist relativ gering: 100 N/mm^2 bis 400 N/mm^2. Ihr besonderer Vorteil liegt in ihrer geringen Dichte von ca. 2,7 g/cm^3 (rund 1/3 der Eisen/Stahl-Werkstoffe).

Verwendung: Aluminium und Aluminium-Legierungen werden wegen ihrer geringen Dichte deshalb dort verwendet, wo es auf ein geringes Gewicht ankommt: als Fahrzeugbehälter und Transportgefäße (Fässer) sowie als Lagerbehälter.

Durch Legieren lassen sich die Eigenschaften, z.B. Festigkeit oder Korrosionsbeständigkeit weitgehend beeinflussen. Den Einfluß der wichtigsten Beimengungen zeigt nachstehende Übersicht.

	Mg	Cu	Si	Zn	Mn	Pb
Festigkeit	+ +	+ +	+	+ +	+	○
Korrosionsbeständigkeit	+ +	−	+ +	−	+ +	○
Gießbarkeit	+	○	+ +	○	○	○
Spanbarkeit	+	○	+	+	−	+ +

+ + sehr positiver Einfluß; + positiver Einfluß; ○ kein Einfluß; − negativer Einfluß.

Magnesium und Magnesium-Legierungen

Eigenschaften: Magnesium ist ein silberweißes, sehr leichtes Metall (Dichte: 1,8 g/cm^3) mit geringer Korrosionsbeständigkeit. In Span- und Pulverform sowie flüssig ist es sehr leicht entzündbar und brennt mit rein weißer, sehr hell leuchtender Flamme.

Verwendung: Reines Magnesium wird infolge seiner geringen Festigkeit und seiner Oxidationsneigung nicht als Konstruktionswerkstoff verwendet. Es wird in Stangen- und Würfelform als Desoxidationsmittel sowie bei der Erschmelzung von Gußeisen mit Kugelgraphit in Gießereien benützt. Es dient als Grundmetall für Magnesium-Legierungen und als Zusatz für die verschiedenen Aluminium-Legierungen. In Verbindung mit Kupfer wird es zu Bronzen verarbeitet.

Titan, Tantal, Niob und Legierungen

Eigenschaften: **Titan** ist ein silberweißes, als Pulver graues, sehr hartes und leichtes Metall (Dichte: 4,5 g/cm^3). Es ist durch einen dünnen, dichten und zähen Oxidfilm, der sich an der Luft bildet, korrosionsbeständiger als chemisch beständiger Stahl.
Titan besitzt etwa die gleiche Festigkeit wie Baustahl, jedoch nur 50% seiner Dichte.
Tantal ist ein sehr beständiges Metall. Bei seiner Verarbeitung muß wegen der Gefahr zuweitgehender Oxidation (schlechte Nahtbildung) unter Schutzgas geschweißt werden. Wegen seines hohen Preises wird es nur dort eingesetzt, wo keine andere Wahl bleibt.
Tantal ist beständig gegen Säuren (außer Flußsäure HF) bis ca. 100°C und ziemlich beständig gegen verdünnte Alkalilösungen bis ca. 80°C.
Niob wird vorwiegend in geringen Mengen als Zusatz zu Legierungen eingesetzt. Gegen Säuren ist es beständiger als Titan.
Verwendung von Titan, Tantal, Niob: Titan wird für Reaktionskessel, Wärmeaustauscher, Zentrifugen, Pumpen, Absperrorgane und für Plattierungen eingesetzt.

Tantal verwendet man für Rührer, Thermometerrohre, Wärmeaustauscher, Auskleidungen, Schrauben zur Reparatur von Emailkesseln. Tantal darf dabei nie mit Blei in elektrochemischen Kontakt geraten, da es sonst anodisch wirken würde (z. B. nie Tantal-Schraube und Blei-Druckrohr).

Niob wird für Überzüge bei Temperaturen bis zu ca. 1000 °C eingesetzt.

Übungen 3

1. Die NE-Metalle werden in _____ und _____ unterteilt.
   - _____ metalle haben eine Dichte $\geqq 5$ g/cm^{-3},
   - _____ metalle haben eine Dichte < 5 g/cm^{-3}.

2. Die meisten reinen Metalle sind weich und besitzen nur eine geringe Festigkeit. Je höher der _____ ist, desto höher sind Schmelzpunkt, elektrische Leitfähigkeit und _____ .

3. NE-Schwermetalle werden in

   _____ , _____

   _____ , _____

   unterteilt.

4. Messing ist eine Legierung aus _____ und _____ .
   Bronze ist eine Legierung aus _____ und _____ .

5. Welche Aussage ist richtig?
   a) Bronze ist eine Legierung aus Kupfer und Eisen
   b) Kunststoffe sind gute Wärmeleiter
   c) Aluminium ist ein schlechter Stromleiter
   d) Blei ist ein Legierungsbestandteil für rostfreie Stahlsorten
   e) Funkenarmes Werkzeug besteht aus Beryllium-Bronze

6. Welche Aussage ist falsch?
   a) Aluminium ist ein Leichtmetall
   b) Aluminium ist gegen Alkalien beständig
   c) Aluminium ist ein guter Wärmeleiter
   d) Aluminium läßt sich mit konz. Salpetersäure passivieren
   e) Aluminium wird durch Schmelzelektrolyse gewonnen

7. Welche Aussage über Kupfer ist falsch?
   a) Kupfer ist ein guter Wärmeleiter
   b) Kupfer ist ein Legierungsbestandteil von Bronze
   c) Kupfer ist ein Schwermetall
   d) Kupfer wird durch konz. Schwefelsäure unter Bildung von Wasserstoff gelöst
   e) Kupfer wird durch Elektrolyse gereinigt

8. Welcher Werkstoff ist nicht gegen alkalische Lösungen beständig?
   a) Nickel
   b) verzinktes Stahlblech
   c) Kupfer
   d) Chromnickelstahl
   e) Gußeisen

9. Welcher Stoff ist als Elektrodenmaterial ungeeignet?
   a) Kupfer
   b) Graphit
   c) Platin
   d) Magnesium
   e) Kohle

10. Für welche Verwendungsart ist Blei nicht einsetzbar?
    a) Schutz gegen radioaktive Strahlung
    b) Behälterauskleidung für Schwefelsäure-Lagerung
    c) Rohrleitung für Trinkwasserversorgung
    d) Dichtungsmaterial

11. Aus welchem Werkstoff werden Gleitlager bevorzugt hergestellt?
    a) niedriglegierter Stahl
    b) Bronze
    c) Kupfer
    d) Blei

Nichtmetalle

Die Nichtmetall-Werkstoffe werden in natürliche und künstliche Werkstoffe unterteilt.

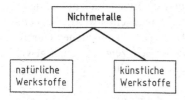

Natürliche Werkstoffe — anorganische Werkstoffe

Von diesen Nichtmetall-Werkstoffen sind folgende beschrieben:

- Glas, Email
- Keramische Massen: Porzellan, Steinzeug, Steingut, Schamottsteine
- Graphit und Kohlemassen
- Faserstoffe und Textilien
- Holz

Glas

Als Glas bezeichnet man alle amorphen Stoffe, die man durch Unterkühlung einer Schmelze erhält. Die Schmelze des bekannten technischen Glases setzt sich aus drei Hauptbestandteilen zusammen:

- Kieselsäure
- Kalium- oder Natriumcarbonat
- Kalk

Die vielfältigen anderen Zusätze in Form von Tonerde oder Schwermetalloxiden geben dem Glas lediglich besondere Eigenschaften.

Aus der Glasstruktur geht hervor, daß Glas, so wie wir es kennen, als eine Flüssigkeit anzusehen ist, deren Zähigkeit (Viskosität) in normalen Temperaturbereichen so große Werte angenommen hat, daß sie uns als fester Körper erscheint. Der dem Glas eigene, durchsichtige Zustand ist aus diesem Grunde keinesfalls von absoluter Dauer, sondern die erstarrte Schmelze befindet sich immer in einer „inneren Spannung", die bestrebt ist, die während der schnellen Abkühlung versäumte Kristallisation nachzuholen. Die Rückkehr des amorphen Glases zur Kristallisation bezeichnet man als Entglasung — ein Vorgang, der besonders bei der Verarbeitung des Glases in der Flamme sehr leicht rekonstruiert werden kann. Dem Glasgemenge können Zusätze beigegeben werden, die der naturbedingten Kristallisation entgegenwirken und so ein Glas gestalten, das besonders für die Weiterverformung in heißen Zonen geeignet ist.

Glasarten: Bei der Gemengeaufbereitung vor der Schmelze können auch alle anderen Eigenschaften der Gläser den jeweiligen Anforderungen angeglichen werden. So entstehen z. B. Gerätegläser, Trinkgläser oder optische Gläser. Die verschiedenen Gerätegläser, die zu chemisch-technischen Geräten verarbeitet werden, zeigen in einer gewissen Güteunterteilung gerade diejenigen Eigenschaften, die das Glas erst zum idealen Baustoff für unterschiedliche Anwendungen werden ließ.

Herstellung: Bei der Gewinnung des Glases werden die feingepulverten Rohstoffe je nach Glasart in bestimmten Verhältnissen gemischt und in feuerfeste Tiegel oder Wannen eingebracht. In diesen Behältern wird das Gemenge in speziellen Öfen bei etwa 1200 bis 1500 °C eingeschmolzen. Durch gewisse Läuterungsvorgänge und durch Herbeiführung einer günstigen Zähflüssigkeit wird der Glasfluß verarbeitungsfertig gemacht.

Eigenschaften: Glas ist ein Werkstoff, der besonders durch seine gute chemische Beständigkeit als Idealwerkstoff für chemische Geräte anzusehen ist. Daneben stellen Transparenz, glatte Oberflächen, leichte Verarbeitbarkeit sowie eine gewisse thermische Festigkeit bzw. Temperaturwechselbeständigkeit besondere Vorteile dar. Glas besitzt eine gute Wärmedämmung und eine hohe elektrische Isolierfähigkeit. Nachteilig sind die Sprödigkeit und Bruchgefahr des Glases.

Verwendung: Glas findet im Apparatebau überall dort Verwendung, wo es auf Durchsichtigkeit ankommt. Das ist vor allem in Versuchs- und Technikumsanlagen der Fall. Der weitaus größte Teil aller Laborgeräte besteht aus Glas. Da heute bruchunempfindliche Glassorten hergestellt werden können (Borsilikatgläser) und Glas gegen fast alle Chemikalien korrosionsbeständig ist (mit Ausnahme von Fluorwasserstoffsäure und starken Alkalien), wird es häufig für Produktionsanlagen eingesetzt. Man fertigt daraus Rohre, Vorlagen, Apparateteile, Wärmetauscher, Austauschkolonnen und vieles mehr.

Bei der Montage von Glasteilen ist darauf zu achten, daß zwischen den Glasteilen dehnfähige Dichtungen (z. B. aus Teflon) montiert werden, die auftretende Spannungen aufnehmen können.

Aus Glas stellt man ebenfalls **Glasfasern** und **Glaswolle** her. Glasfasern sind von den mechanischen Eigenschaften her biegsam und besitzen eine Zugfestigkeit von 4000 N/cm^2 bis zu 7000 N/cm^2. Glas in Form von Glaswolle (zu dünnen kurzen Fäden verblasenes Glas) wird als Isolationsmaterial verwendet.

Email

Glas besonderer Zusammensetzung wird auf Metalloberflächen aufgeschmolzen (3–6 Schichten), um damit die Korrosionsbeständigkeit zu verbessern. Man nennt es dann Email.

Eigenschaften: Email weist ähnliche Eigenschaften auf wie Glas (z. B. Korrosionsbeständigkeit). Da dessen Wärmeausdehnungskoeffizient geringer ist als derjenige von Stahl, besteht ständig die Gefahr, daß Email vom sich stärker ausdehnenden Stahl beim Aufheizen gerissen wird. Auch beim schroffen Abkühlen heißer Emailschichten geraten diese unter Zugspannung und können reißen. Durch die entstehenden Haarrisse kann Prozeß-Stoff zum Stahl vordringen und diesen angreifen (Unterwandern der Emailschichten). Bilden sich dabei Gase, z. B. Wasserstoff, so heben diese oft ganze Emailstücke ab (Abplatzungen). Um diese Gefahren zu verringern, gibt der Hersteller von Emailapparaten dem Email eine Druck-Vorspannung. Dadurch lassen sich Emailapparate etwas schneller kühlen oder heizen, da größere Temperaturdifferenzen zulässig werden.

Verwendung: Emailapparate werden in der Produktion vor allem dort eingesetzt, wo gute Säurebeständigkeit und/oder große Reinheit der Fabrikate verlangt werden.

Bedienungsvorschriften:

- Schläge und Stöße mit harten Gegenständen vermeiden, z. B. verstopften Untenauslauf mit Weichholzplatte freimachen, Filzschuhe beim Begehen emaillierter Behälter anziehen.
- Keine harten Kristalle einsetzen, da sonst zu starke Erosion eintreten kann.
- Keine zu schroffen Temperaturwechsel erzeugen.
- Email-Stopfbüchsen laufend auf Temperatur prüfen, zulässig sind maximal 40 °C mehr als Reaktionstemperatur.
- Visuelle Kontrolle auf Risse und Poren nach jeder Entleerung. Bei Revisionen prüfen auf elektrische Leitfähigkeit. Reparatur von Poren: Tantal-Schrauben mit Teflondichtung. Bei größeren Schäden: Tantal-Blech mit Teflon. Bei großen Schäden muß neu emailliert werden.

Die Abbildung zeigt die Gefahr des Zerreißens der Emailschicht bei einer zu großen Temperaturdifferenz.

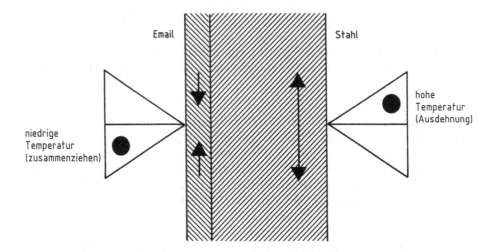

Keramische Massen (Steingut, Steinzeug, Porzellan, Schamottsteine)

Besonders im High-Tech-Bereich wurde der Urstoff Keramik zum Werkstoff der Superlative, der in vielen Lebensbereichen optimale Lösungen bietet, so z. B. in Motoren. Bei vielen namhaften Automarken ersetzen Turbolaufräder und Ventile auf Keramikbasis herkömmliche Werkstoffe.

Eigenschaften: Die im Chemiebetrieb eingesetzten keramischen Werkstoffe weisen bezüglich Korrosion fast die gleichen Eigenschaften auf wie Gläser.
   Physikalische Eigenschaften wie Druck (ausreichend), Zugfestigkeit (gering), Härte (mäßig) und Temperaturwechselbeständigkeit (schlecht) sind weniger gut als bei Gläsern.
   Da es inzwischen bruchunempfindliche Glassorten gibt, die darüber hinaus durchsichtig sind, werden die Keramischen Massen immer mehr vom Glas verdrängt.

Verwendung: **Steingut** sind poröse Tonwaren, die als Filter und Diaphragmen benutzt werden.
   Steinzeug ist glasiertes Steingut. Aus diesem Werkstoff können säurefeste Geräte und Apparate hergestellt werden. Ebenso Rohre, Absperrorgane, Pumpen, Nutschen, Filterplatten, Waschtürme, Füllkörper, Gefäße.
   Porzellan sowie Steinzeug und Steingut bestehen in ihren Grundmaterialien aus Tonerde und Quarz, denen Feldspat und andere Stoffe zugesetzt werden. Die hergestellten Stücke werden glasiert. Es ist sehr hart und hitzebeständig, unempfindlich gegen Temperaturänderung und weist gute chemische Beständigkeit auf. Porzellan wird für Filterkerzen, Kugelmühlen, Strahlpumpen und Isolierkörper (z. B. Elektrotechnik) verwendet.
   Schamottsteine (feuerfeste Steine) werden aus 60% Kieselsäure und 30% Tonerde gebrannt. Sie sind außerordentlich feuerfest und werden zur Ausmauerung von Öfen und Reaktionskesseln verwendet.

Graphit und Kohlemasse

Eigenschaften: Graphit ist eine Modifikation des Kohlenstoffes mit metallähnlichem Charakter (gute thermische und elektrische Leitfähigkeit). Graphit und Kohlemassen sind gegen fast alle Chemikalien korrosionsbeständig, aber bruchempfindlich und nicht abriebfest. Bezüglich Korrosionsfestigkeit weist Graphit die breiteste Anwendungsmöglichkeit auf. Er ist beständig gegen nahezu alle Säuren und Laugen bis über 100 °C.

Verwendung: Graphitwerkstoffe verwendet man als Rohre beim Wärmeaustausch unter stark aggressiven Stoffen sowie als Zuführungen für den elektrischen Strom in Apparaturen mit aggressiven Stoffen.

Ganz aus Graphit hergestellt werden: Wärmeaustauscher, Schmelztiegel, Filtersteine, Pumpen, Berstplatten und Füllkörper. Bei Absperrorganen und Volumenzählern sind Teile aus Graphit hergestellt, bei letzteren z. B. die Ringkolben.

Graphitfäden dienen, eingewoben in Entlüftungssäcke, zur Ableitung elektrostatischer Aufladungen.

Natürliche Werkstoffe – Organische Naturstoffe

Von den Naturstoffen werden heute nur noch wenige in der chemischen Industrie als Werkstoffe eingesetzt. Die nachfolgenden Graphiken zeigen einen Überblick über die verwendeten Naturstoffe und ihre Eigenschaften und Einsatzmöglichkeiten.

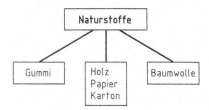

Die organischen Werkstoffe zeichnen sich allgemein durch die folgenden Haupteigenschaften aus:

Elektrische Eigenschaften	Thermische Eigenschaften	Mechanische Eigenschaften	Chemische Eigenschaften
isolierend	wärmedämmend	geringe Dichte	brennbar
Neigung zur statischen Aufladung	niedrige Erweichungs- und Schmelztemperatur	gute Bearbeitbarkeit	Zersetzungsneigung

Gummi

Der Saft des Gummibaumes (Latex) enthält polymerisiertes Isopren. Das Polymerisat enthält zusätzliche Doppelbindungen. Diese führen nach Zusatz von Schwefel und Aufheizung zur Vernetzung der Makromoleküle (VULKANISATION).

Je nach der eingesetzten Schwefel-Menge erhält man gut elastischen bis harten Gummi.

Durch verschiedenartige Zusätze zum Rohgummi wie z.B. Füllstoffe (Ruß, Zinkoxid), Alterungsschutzmittel und Weichmacher können die Eigenschaften weitgehend variiert werden.

Eigenschaften: **Vulkanisierter Gummi** wird bereits unterhalb 5 °C spröde, oberhalb 145 °C klebrig. Er quillt oder löst sich in organischen Lösemitteln. Er ist ziemlich beständig gegen Salze, Säuren und Basen, aber oxidationsempfindlich.

Verwendung: **Elastischer Gummi** ist bis 90 °C verwendbar, gut dehnbar und wird für Verbindungsschläuche, Balgen (Manschetten), für äußere Schutzumhüllungen beweglicher Teile und für Dichtungen eingesetzt.

Hartgummi ist bis 100 °C verwendbar und in kaltem Zustand schlagempfindlich. Er wird für Auskleidungen von Reaktionskesseln, Tanks, Zentrifugen, Pumpen und Rohrleitungen eingesetzt.

Die Abbildung zeigt eine Anwendung von Hartgummi im Maschinenbau (ausgekleidete Absperrklappe).

Holz, Papier, Karton

Holz enthält neben anderen organischen Stoffen, wie z. B. Harzen, Cellulose als Gerüststoff. Es wird zugeschnitten oder zerfasert und mit Bindemitteln verpreßt (Holzfaserplatten) eingesetzt. Bei feinster Zerfaserung durch chemische Behandlung entsteht reine Cellulose als Rohstoff für die Papier- und Kartonherstellung. Holz und Papier sind unbeständig gegen oxidierende Prozeß-Stoffe, Lösemittel und siedendes Wasser.

Verwendung: **Holz** wird für Standen, Böden, Filterpressen, Einstiegsgerüste für Behälter und als Verpackungsmaterial benutzt.
    Papier verwendet man für Filterpapier, Filterplatten, Chromatographiepapier und als Verpackungsmaterial.
    Karton wird als Dichtungs- (Karton wasserfeucht auflegen, dann mehrmals nachziehen) und Verpackungsmaterial eingesetzt.

Baumwolle

Die 2–5 cm langen Samenhaare der Baumwollpflanze bestehen aus mindestens 90 % Cellulose. Sie werden zu Stoff gewoben.

Verwendung: Baumwolle wird als Gewebe für Schwingsäcke für Zentrifugen, Entlüftungssäcke und Filtertücher, z. B. für Filterpressen, Zentrifugen, Spiralfilter und Staubabscheider eingesetzt. Sie ist ein wichtiger Rohstoff für die Textilindustrie.

Faserstoffe und Textilien

Zur Herstellung von Faserstoffen können Naturstoffe, abgewandelte Naturstoffe, Kunststoffe, Metalle und Mineralien verwendet werden. Sie werden zu Garnen, Zwirnen, Seilen, Geweben und Filzen verarbeitet. Fasern aus Naturstoffen bestehen entweder aus pflanzlichen Stoffen wie Baumwolle, Flachs, Sisal, Hanf und Jute oder aus tierischen Stoffen wie Seide, Wolle oder Haaren.
    Abgewandelte Naturstoffe werden aus der Cellulose des Holzes gewonnen. Sie dienen zur Herstellung von Kunstseide und Zellwolle. Der größte Teil der Fasern wird heute aus Kunststoff gefertigt. Als Ausgangsstoff dienen vor allem Polyamide (z. B. Nylon) oder Polyester (z. B. Trevira).
    Vielfach werden zur Erzielung verbesserter Eigenschaften Mischgewebe aus verschiedenen Fasern gefertigt. So verbessern Naturfasern die Saugfähigkeit, während Kunststoff-Fasern die Festigkeit erhöhen. Seile, Zahnriemen, Treibriemen und Keilriemen werden deshalb durch Kunststoff-Fasern verstärkt.

Aus Metalldrähten werden Gewebe für Hydraulikschläuche, Drahtseile und Draht-netze für Filter hergestellt.

Mineralfasern hoher Warmfestigkeit bestehen aus Asbest, Glas oder Keramik. Außerdem gewinnen Kohle und Graphit als Faserstoffe immer mehr an Bedeutung.

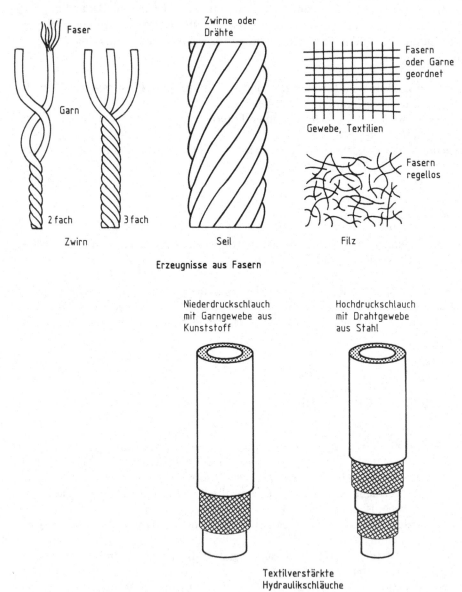

Die Abbildung zeigt Erzeugnisse und Verwendungsmöglichkeiten von Fasern und Textilien.

Übungen 4

1. Bei den Nichtmetall-Werkstoffen unterscheidet man _____ und _____ .

2. Wo es auf Durchsichtigkeit ankommt, z. B. in Versuchs- und Technikumsanlagen, findet _____ häufig Verwendung.

   Glas besonderer Zusammensetzung, _____ genannt, wird auf Metallober-flächen aufgeschmolzen, um damit die _____ zu verbessern.

   _____ , _____ und _____ werden unter dem Begriff Keramische Massen zusammengefaßt.

   Schamottsteine sind außerordentlich _____ und werden zur Ausmaue-rung von Öfen und Reaktionskesseln verwendet.

3. Graphit ist eine Modifikation des _____ .
   Graphit und Kohlemassen sind sehr _____ , aber bruch-empfindlich und nicht abriebfest.

4. Gummi zählt zu den Naturstoffen, von denen heute nur noch wenige in der chemi-schen Industrie eingesetzt werden. Durch den bei der Vulkanisation zugesetzten _____ lassen sich die _____ und die damit verbundenen mechanischen Eigenschaften variieren.

5. Bei den Faserstoffen und Textilien werden vielfach zur Erzielung verbesserter Eigenschaften Mischgewebe aus verschiedenen Fasern gefertigt. So verbessern _____ fasern die _____ , während _____ -Fasern die _____ erhöhen. Keilriemen beispielsweise werden deshalb durch _____ -Fasern verstärkt.

6. Für welchen Werkstoff sind folgende Eigenschaften zutreffend?
   1. stromleitend
   2. alkalienbeständig
   3. in der Wärme nicht verformbar

   a) Stahl
   b) PVC
   c) Porzellan
   d) Graphit
   e) Aluminium

Kunststoffe

Die Mehrzahl der Kunststoffe wird durch Synthese (chemische Umwandlung) aus den Rohstoffen Erdöl, Erdgas und Kohle gewonnen. Sie heißen **organische** Stoffe, weil sie aus Kohlenstoff-Verbindungen bestehen.

(Eine Ausnahme bilden die Silikon-Kunststoffe, die anstatt des Kohlenstoffs das chemisch ähnliche Element Silicium enthalten.)

Man bezeichnet die Kunststoffe als makromolekulare Stoffe, da sie aus Großmolekülen (Makromolekülen) aufgebaut sind.

Kunststoffe sind durch Synthese hergestellte organische, makromolekulare Stoffe.

Kunststoffe als Werkstoffe sind in ihren Ausgangsmaterialien, Art der Herstellung, Eigenschaften und Verarbeitung sehr verschieden. Ihre chemischen, mechanischen und elektrischen Eigenschaften, ihre Elastizität und Plastizität ermöglichen eine Anwendung auf vielen Gebieten.

Kunststoffe besitzen eine Reihe von außerordentlichen Eigenschaften. Sie haben eine geringe Dichte (ca. $0{,}9-1{,}4$ g/cm^3, bei fluorierten Kunststoffen kann sie bis auf $2{,}3$ g/cm^3 ansteigen), sind leicht spanlos formbar, besitzen gute Isolierfähigkeit gegen Temperatur und elektrischen Strom und sind je nach Typ gegen viele Lösemittel, Säuren und Laugen korrosionsbeständig (s. Tabelle S. 57). An nachteiligen Eigenschaften sind vor allem ihre geringe Temperaturbeständigkeit (nur in Ausnahmen bei mehr als 100 °C einsetzbar), ihre relativ geringe Festigkeit (meist kleiner als 30 N/mm^2) und die Brennbarkeit zu nennen.

Überall, wo es auf diese drei nachteiligen Eigenschaften **nicht** ankommt, können Kunststoffe vorteilhaft im Chemie-Anlagenbau eingesetzt werden.

Kunststoffe können durch verschiedene Reaktionsverfahren (auf die hier nicht eingegangen werden soll) hergestellt werden.

Die durch die verschiedenen Synthesen entstehenden Produkte sind meist erst Rohstoffe für die Werkstoffherstellung. Viele müssen noch mit Zusatzstoffen wie Weichmachern, Stabilisatoren, Farb- und Füllstoffen und Vernetzungsmitteln verarbeitet werden.

Die fertigen Kunststoffe werden als Granulat oder Pulver angeboten. Sie können durch Walzen, Strangpressen, Spritzgießen, Pressen, Ziehen, Blasen oder Schmelzspinnen zu Halbzeugen und Fertigprodukten geformt werden. Außerdem können sie auch als Lösungen, Dispersionen und Pasten durch Spritzen, Spinnen, Gießen oder Tauchen vom Rohstoff zum Fertigartikel verarbeitet werden.

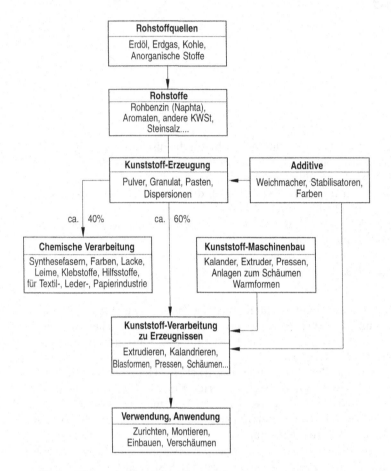

Einige Kunststoffe werden aus Monomeren, z. B. durch Polymerisation oder Polyaddition (z. B. Epoxyharz) am gewünschten Einsatzort direkt zu Formkörpern aufgebaut.

Aus der Vielzahl der Kunststoffe eignen sich nur wenige für den Apparatebau in der chemischen Industrie. Sie müssen zu diesem Zweck im Einsatzbereich nicht nur gegen die vorgesehenen Prozeß-Stoffe beständig sein, sondern auch formbeständig bleiben (Temperatur), dürfen weder altern, quellen, noch Weichmacher verlieren und dadurch verspröden.

Kunststoffe werden nach ihrem Aufbau, den daraus folgenden Eigenschaften und dem Verhalten bei Erwärmung eingeteilt.

Thermoplaste

Thermoplaste (Plastomere) können in der Wärme immer wieder verformt werden und werden beim Erkalten in der Form fest. Bei Raumtemperatur sind die Haftkräfte zwischen den Makromolekülen relativ groß, d. h. der Kunststoff ist hart. Mit zunehmender Temperatur werden sie geringer, der Molekülverband lockert sich, der Kunststoff wird elastisch. Bei weiterer Erwärmung gleiten die einzelnen Makromoleküle aneinander ab, der Stoff wird plastisch weich und schließlich flüssig. Bei Abkühlung verändert er sich umgekehrt vom flüssigen über den plastisch weichen und elastischen Zustand zum harten Material. Diese Umwandlung ist beliebig oft wiederholbar. Aufgrund dieser Eigenschaft, der Veränderbarkeit bei Erwärmung, heißen diese Kunststoffe Thermoplaste.

> Thermoplaste sind bei normaler Temperatur spröde oder zäh-harte Kunststoffe, die sich ohne chemische Veränderung wiederholt zum plastischen Zustand erwärmen lassen. Sie sind schmelzbar, schweißbar, quellbar und löslich.

Die wichtigsten Thermoplaste für den chemischen Apparatebau sind:

Polyethylen (PE): PE ist ein preisgünstiger thermoplastischer Kunststoff, der in großem Umfang hergestellt wird. Er besitzt von allen Kunststoffen die einfachste Molekülstruktur.

Man unterscheidet Polyethylen niedriger Dichte (LDPE) und hoher Dichte (HDPE).

LDPE $= 0{,}918$ g/cm^3–$0{,}95$ g/cm^3
HDPE $= 0{,}95$ g/cm^3–$0{,}96$ g/cm^3.

PE ist ein extrem langkettiges Paraffin. Es gleicht den Paraffinen in der wachsartigen Oberfläche, der Trübung und der chemischen Beständigkeit.

Die Vorteile sind:
— sehr geringe Wasseraufnahme
— geringe Quellung in polaren Lösungsmitteln
— unter 60 °C in allen organischen Lösungsmitteln unlöslich
— HDPE kann für Benzin- und Heizölbehälter eingesetzt werden
— für nahtlose Rohre, Behälter und Folien

Nachteile:
— PE neigt mit sinkender Molmasse zur Spannungsrißkorrosion
— die Durchlässigkeit für O_2, CO_2, Geruchs- und Aromastoffe ist relativ hoch

Durch Variation des Verzweigungsgrades und der Molmasse lassen sich PE-Sorten mit den für den jeweiligen Anwendungszweck gewünschten Eigenschaften herstellen.

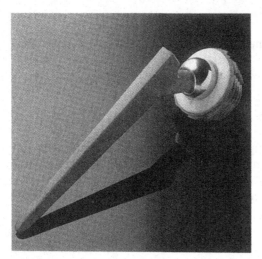

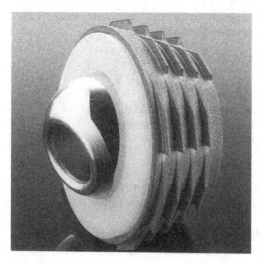

So z. B. auf dem Gebiet der medizinischen Prothetik. Bei der Wiederherstellung zerstörter Hüftgelenke durch Implantate haben sich die Eigenschaften des ultrahochmolekularen PE (z. B. Chirulen®, Hoechst AG) seit Jahren besonders gut bewährt.

Polypropylen (PP) ist im Aussehen und in den Eigenschaften dem Polyethylen sehr ähnlich. Polypropylen ist jedoch härter und vor allem formbeständiger (bis 130 °C) als Polyethylen, so daß dauernde Verwendung in kochendem Wasser möglich ist. Im Gegensatz zu Polyethylen versprödet Polypropylen bereits bei Temperaturen unter 0 °C, weshalb keine Verwendung in der Tiefkühltechnik möglich ist.

Verarbeitung und Verwendung von PP

Verarbeitung	Eigenschaft	Anwendung
Spritzguß	verschiedene Typen	technische Teile (Kfz-Bau) Koffer, Werkzeugkästen
	stabilisiert	Funktionsteile z. B. in Waschmaschinen, Färbespulen (Textilindustrie)
	gegen Metallkontakt stabilisiert	Elektrotechnik
	wärmefest	Kfz-Bau, Elektrotechnik
Extrusionsblasen	hochmolekular	Hohlkörper für techn. Zwecke
Pressen	hochmolekular	Halbzeug (große Tafeln) Formteile
Extrudieren	hochmolekular	Rohre (chem. Apparatebau)
Folien	hochmolekular	Blasfolien
	niedermolekular	Flachfolien, Beschichtungen
	hochmolekular	Herstellung von Webbändchen und Garnen

Polyvinylchlorid (PVC) ist amorph. Das reine Polymerisat ist schwer entflammbar und außerhalb der Flamme nicht von selbst brennend. Es ist chemisch außerordentlich beständig. Salzlösungen sowie verdünnte und konzentrierte Laugen und Säuren greifen PVC nicht an. Zersetzt wird PVC nur durch oleumhaltige Schwefelsäure und flüssige Halogene. Gase wie Ozon oder Chlor greifen nicht an. Gegen energiereiche Strahlen gut beständig. PVC ist meist hart und fest und wird deshalb zu Rohren bis PN 6, Behältern, Ventilatoren und Gehäuseteilen verarbeitet.

Durch Zusätze (Weichmacher) kann es bei der Herstellung auf die gewünschten Eigenschaften eingestellt werden.

Abluftreinigungsanlage aus Polypropylen

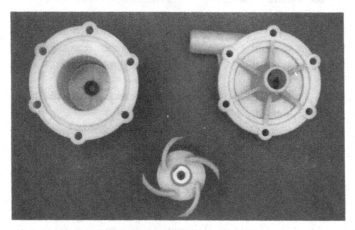

Pumpenteile aus Polypropylen

Temperaturbeständigkeit von PVC:

	unbedenklich bis	nur kurzzeitig oder bandagiert bis
PVC hart	65 °C	80 °C
PVC weich	55 °C	70 °C

Polystyrol (PS) ist ein glasklarer durchsichtiger Kunststoff, der überall dort Verwendung findet, wo Vorgänge beobachtet werden müssen. Er ist jedoch spröde. Polystyrol ist beständig gegen Säuren, Laugen, Salzlösungen und Öle, jedoch nicht gegen Benzin, Benzen und andere organische Lösemittel. Die Dauergebrauchstemperatur liegt zwischen 60 und 90 °C. PS hat eine geringe Licht- und Wetterbeständigkeit.

Aus Polystyrol werden Rohre, Gehäuse und Modelle gefertigt. In aufgeschäumter Form als **Styropor** findet es als Wärme-Isoliermaterial und zur Auskleidung Verwendung.

Polymethylmethacrylat (PMMA, Acrylglas) ist glasklar, lichtecht (vergilbt nicht), durchlässig für UV-Licht und von besonderem Oberflächenglanz. Es ist ausgezeichnet alterungs- und witterungsbeständig und eignet sich deshalb für dauernden Einsatz im Freien. Gegen Säuren, Laugen, Salzlösungen, Öl und Benzin ist es beständig, dagegen wird es von Benzen und Alkohol angegriffen. Acrylglas ist hart und zäh. Wenn es gewaltsam zerbrochen wird, entstehen keine scharfkantigen Splitter. Es ist nicht so spröde und nur halb so schwer wie Fensterglas (Silikatglas). Seine Zugfestigkeit beträgt etwa 70 N/mm^2. Bis 90 °C ist es formbeständig und läßt sich bei 130 °C leicht thermoplastisch umformen.

Verwendung: Aus Polymethylmethacrylat stellt man Gläser für Meßinstrumente, Uhren, Schutzbrillen, durchsichtige Schutzvorrichtungen an Schleifblöcken und Werkzeugmaschinen, durchsichtige Gehäuse für den Modellbau, Dachverglasungen und Zwischenschichten für splittersicheres Verbundglas her.

Handelsbezeichnungen:
Plexiglas, Plexidur, Resartglas.

Polytetrafluorethylen (PTFE) (Handelsname Teflon®, Hostaflon® TF) hat eine milchig weiße Farbe und fühlt sich wachsartig, fettig an; eine Eigenschaft, die auch in ausgezeichneten Gleit- und Notlaufeigenschaften zum Ausdruck kommt. Dieser Kunststoff ist zwar teuer, aber äußerst beständig gegen Witterungseinflüsse und wird von Chemikalien einschließlich Lösemitteln auch bei hohen Temperaturen nicht angegriffen. Besonders auffallend ist seine Temperaturbeständigkeit. Der Einsatzbereich liegt zwischen −150 °C und +280 °C bei fast gleichbleibenden mechanischen Eigenschaften.

PTFE ist weich und zäh, flexibel und abriebfest. Seine Zugfestigkeit beträgt 30 N/mm^2. Thermoplastisches Umformen ist nicht möglich, da bei der Erweichungstemperatur eine teilweise Zersetzung eintritt. Die Formgebung erfolgt deshalb durch Sintern der aus Pulver gepreßten Formstücke bei 300 °C.
Verwendung: Aus PTFE stellt man u.a. Schalen und Buchsen für ölfreie Lager, Gehäuse und Membranen für Pumpen, Ventile und Hähne, Faltenbälge, Dichtungen, Stopfbuchspackungen, Gleitringe, O-Ringe und Balgen her. Zu Fäden versponnen und gewoben wird Polytetrafluorethylen als besonders widerstandsfähiger Filterstoff eingesetzt. Auch kleinere Apparate, Rohre, Rohrauskleidungen und Schläuche werden aus Teflon hergestellt. Die Abbildung zeigt verschiedene Beispiele.

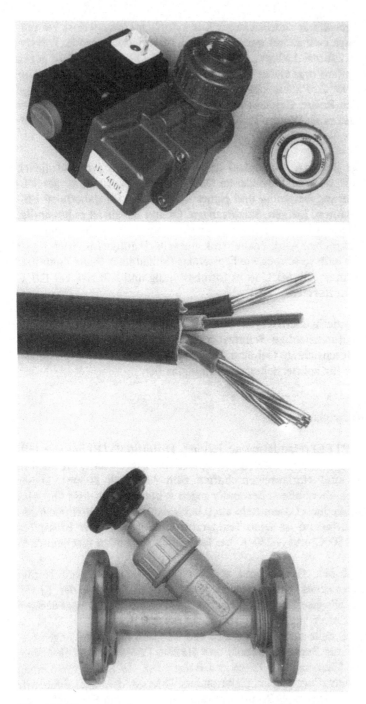

Die Abbildungen zeigen Armaturen und Kabelisolationen aus PVC.

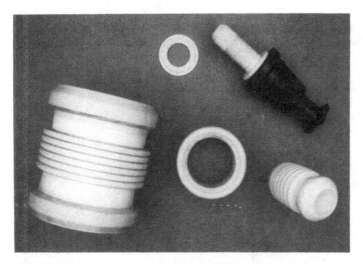

Rohrleitungs- und Armaturenteile aus PTFE

Polyamide (PA) sind beständig gegen schwache Säuren, Laugen, Salzlösungen, Benzin, Öl und die meisten Lösemittel. Polyamide haben mit die größte Festigkeit aller Kunststoffe. Ebenso weisen sie günstige Gleit- und Notlaufeigenschaften auf. Polyamide sind dauerhaft bis 100 °C formbeständig, kurzfristig ertragen sie auch Temperaturen bis 190 °C. Thermoplastische Umformung ist über 220 °C möglich.

Verwendung: Verwendet werden Polyamide zur Herstellung von Druckbehältern, Zahnrädern, Riementrieben, Druckrohren, Kraftstofftanks, Lagerschalen und Lagerbuchsen.

Duroplaste

Duroplaste (Duromere) werden im chemischen Apparatebau weit weniger verarbeitet als Thermoplaste. Duroplaste bestehen aus Makromolekülen, die an engmaschigen Vernetzungsstellen durch chemische Bindungskräfte miteinander verknüpft sind. Chemische Bindungskräfte nehmen mit steigender Temperatur weniger ab als physikalische Bindungskräfte. Sie werden jedoch bei Überschreiten einer bestimmten Grenztemperatur zerstört und können bei Temperaturerniedrigung nicht wieder ausgebildet werden. Werden solche Kunststoffe erwärmt, so verändert sich ihr mechanisches Verhalten nur geringfügig. Deshalb nennt man sie Duroplaste.

Duroplaste sind vor der Verarbeitung unvernetzt (meist flüssig) und härten dann durch Erwärmen oder nach Zugabe von Härter in ihrer endgültigen Form aus.

Duroplastische Formteile und Halbzeuge lassen sich nach der Härtung nur noch spanabhebend bearbeiten. Sie sind nicht mehr wärmeformbar oder schweißbar.

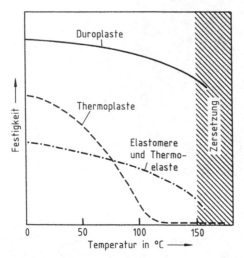

Die abgebildete Graphik zeigt die Festigkeitsänderung der Kunststoffarten bei Erwärmung.

Die wichtigsten Duroplaste sind:

Phenolharze (PF), Aminoharze, ungesättigte Polyesterharze (UP): Diese Kunststoffe werden meist mit Füllstoffen wie Gesteinsmehl vermischt und dann zu kleineren Preßteilen verarbeitet, wie Elektroschalter, Stecker usw. In reiner Form werden sie verdünnt als Lack aufgetragen und dienen somit dem Korrosionsschutz.

Polyurethanharze (PUR): Sie sind zäh und z. T. gummielastisch und werden deshalb zu Dichtungen, Manschetten und Schläuchen verarbeitet. Aufgeschäumt ergeben sie elastische Schaumstoffe, die als Füllstoffe, Isolierstoffe oder Polsterungen verwendet werden.

Epoxidharze (EP): Sie zeichnen sich besonders durch ihre hohe Festigkeit und Klebefähigkeit aus, weshalb sie als Kleber und festhaftende Lacke verwendet werden. EP-Harze werden mit Glasfasern zu glasfaserverstärkten Kunststoffen (GfK) verarbeitet.

Ungesättigte Polyesterharze (UP) bezeichnet man auch als Gießharze. Gegen verdünnte Säuren, Laugen und Salzlösungen, sowie viele Lösemittel sind sie beständig. Sie können je nach Herstellungsart hart und spröde bis weich und elastisch sein. Die Zersetzung beginnt bei andauerndem Gebrauch über 100 °C.

Ungesättigte Polyesterharze finden als Klebeharz für Metalle, als schnellhärtende Lackharze für harte und kratzfeste Lacke, sowie als Gießharz, z. B. zum Eingießen von Demonstrationsgegenständen Verwendung.

Verstärktes Polyesterharz wird zum überwiegenden Teil zu „glasfaserverstärktem Kunststoff" verarbeitet. Daraus fertigt man Bootskörper, Fahrzeugkarosserieteile, Wellplatten für Bedachungen und Verkleidungen.

Ungesättigte Polyesterharze werden auch zu Fasern versponnen und zu Stoffen und Geweben weiterverarbeitet, die unter den Handelsbezeichnungen TREVIRA® und DIOLEN® bekannt sind.

Elastomere

Elastomere sind weitmaschig vernetzte Kunststoffe mit elastischen Eigenschaften. Sie können mindestens bis zu ihrer doppelten Länge gedehnt werden. Elastomere sind je nach Art mehr oder weniger hart-gummielastisch oder weich-gummielastisch. Durch Temperaturerhöhung verändert sich ihre Gummielastizität kaum, sie behalten diese Eigenschaft bis zu ihrer Zersetzungstemperatur. Elastomere sind nicht schmelzbar und nicht schweißbar.

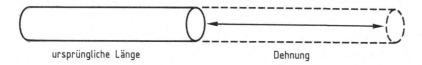

ursprüngliche Länge   Dehnung

Elastomere können bis zu ihrer doppelten Länge gedehnt werden.

Nach der Dehnung geht der Elastomer-Kunststoff wieder in seine ursprüngliche Lage zurück und nimmt auch die ursprüngliche Länge wieder ein.

Tritt bei Elastomer-Kunststoffen die Gummielastizität erst bei Temperaturen über 20 °C auf, nennt man sie Thermoelaste.

Die Elastomere werden im allgemeinen vor der Vulkanisation (Vernetzung) im plastischen Zustand oder aus Emulsion (Latex) formgebend verarbeitet und dann vulkanisiert.

Die Vulkanisate sind nicht mehr plastisch formbar und nicht schweißbar.

Naturkautschuk (Naturgummi) ist ein abgewandelter Naturstoff und wird aus dem Saft des Gummibaumes (Latex) gewonnen. Durch Vernetzen mit Schwefel bei erhöhtem Druck und erhöhter Temperatur (Vulkanisieren) entsteht aus der Latex der Naturkautschuk, der oft mit Ruß versetzt wird.

Naturkautschuk ist ein schlechter Leiter für Elektrizität und Wärme und dämpft in Form von Weichgummi Schall und Erschütterungen. In Öl, Benzin und vor allem

Benzen quillt Naturgummi leicht. Er behält seine Gummielastizität von -30 bis $+60\,°C$. Die mechanischen Eigenschaften hängen vom zugegebenen Schwefel-Gehalt ab.

Weichgummi erhält man durch Zumischen von Schwefel (3–20%). Er ist um so dehnbarer und elastischer, je weniger Schwefel beigemischt ist. Man verwendet ihn bei der Herstellung von Walzen, Schläuchen und Dichtungen.

Hartgummi erhält man durch Beimischen von 30 bis 50% Schwefel. Er wird zu Griffen und Verkleidungen verarbeitet.

Synthesekautschuk (Kunstgummi) ist im Molekülaufbau und damit in den Eigenschaften dem Naturkautschuk ähnlich. Wie der Naturkautschuk wird er mit Schwefel vulkanisiert und ist je nach Schwefelgehalt mehr oder weniger hart. Er kann mit Naturkautschuk vermischt und verarbeitet werden, z.B. zu Fahrzeugreifen.

In der Wärme- und Alterungsbeständigkeit sowie der Abriebfestigkeit ist Synthesekautschuk dem Naturkautschuk überlegen.

Aus Synthesekautschuk stellt man Dichtungen, Wasserschläuche und Fahrzeugreifen her.

Handelsbezeichnungen:
Buna, Perbunan.

Fluorcarbonkautschuk ist chemikalienfest und bei einer Dauertemperatur von $200\,°C$ alterungs- und ozonbeständig. Man stellt daraus z.B. Manschetten und Dichtungen her.

Handelsname:
Viton.

Siliconkautschuk hat nur geringe Festigkeit, behält diese aber weitgehend im Temperaturbereich von -90 bis $180\,°C$. Wegen seiner außerordentlichen Beständigkeit gegen Öle wird er zu Dichtungen, Elektroisolatoren und Transportbändern verarbeitet, die extremen Temperaturbedingungen ausgesetzt sind. Er ist wasserabweisend und wird deshalb z.B. als Dichtungspaste zum Füllen von Fugen verwendet.

Handelsname:
Silicon.

Die folgende Tabelle zeigt eine Übersicht der Eigenschaften verschiedener Kunststoffe.

Eigenschaften der Kunststoffe

Kunststoffe	Kurzzeichen	Aussehen	Mechanische Eigenschaften	Besondere Eigenschaften	Einsatztemperatur	Korrosionsbeständigkeit gegen		
						Säuren	Laugen	Lösemittel
Polyethylen	PE	milchig durchscheinend	dehnbar und flexibel	gleitfähige Oberfläche	−50– +80 °C	B	B	B
Polyvinylchlorid	PVC	trüb durchscheinend, farblos	hart und fest	kann weich gemacht werden	−25– +80 °C	B	B	BB
Polystyrol	PS	farblos, glasklar	hart und spröde	schäumbar	−40–+100 °C	B	B	U
Polymethylmethacrylat (Plexiglas)	PMMA	farblos, glasklar	fest, unzerbrechlich	„unzerbrechliches Glas“	−40– +70 °C	B	B	U
Polytetrafluorethylen (Teflon)	PTFE	milchig weiß, undurchsichtig	fest und zäh	temperaturbeständig bis +250 °C	−270–+280 °C	B	B	B
Polyamide	PA	milchig weiß	hart, fest, zäh	besonders hohe Festigkeit	−40–+120 °C	U	BB	B
Phenolharze Aminoharze Ungesättigte Polyesterharze	PF UP	gelblich bis braun	hart, zerbrechlich	„Gießharze“	−40–+100 °C	BB	BB	BB
Polyurethanharze	PUR	farblos durchscheinend bis gelblich	hartzäh bis gummielastisch	schäumbar	−40– +80 °C	U	U	BB
Epoxidharze	EP	farblos durchscheinend bis gelblich	hart und zäh	„Klebeharz“ (z. B. Uhu plus®)	−100–+150 °C	B	B	B
Kautschuk		gelblich bis braun	gummielastisch	gummiartig	−10–+100 °C	BB	BB	BB

B beständig; BB bedingt beständig; U unbeständig

Übungen 5

1. Die zu den organischen Stoffen zählenden Kunststoffe werden durch Synthese aus den Rohstoffen

   _____   _____   _____

   gewonnen.

2. Sie heißen organische Stoffe, weil sie aus _____ bestehen.

3. Kunststoffe besitzen eine Reihe positiver Eigenschaften, die eine vielseitige Verwendung im chemischen Apparatebau zulassen. An nachteiligen Eigenschaften sind vor allem ihre geringe _____ , ihre relativ geringe _____ und die _____ zu nennen.

4. Kunststoffe werden nach ihrem Aufbau, den daraus folgenden Eigenschaften und dem Verhalten bei Erwärmung eingeteilt.

   _____   _____   _____

5. _____ sind Kunststoffe, die bei Erwärmung zunächst erweichen, sich dann verflüssigen und bei Abkühlung wieder hart werden.

   _____ sind Kunststoffe, die bei Erwärmung höchstens zähelastisch werden, jedoch nicht erweichen oder schmelzen. Bei übermäßiger Erwärmung zersetzen sie sich, ohne vorher flüssig geworden zu sein.

6. Nehmen Sie die Einteilung der Kunststoffe in die jeweilige Gruppe vor. Markierungszeichen (+).

Kunststoffe	Thermoplaste	Duroplaste	Elastomere
Polyethylen (PE)			
Siliconkautschuk			
Phenolharz (PF)			
Polypropylen (PP)			
Polyvinylchlorid (PVC)			
Epoxidharz (EP)			
Polyurethanharz (PUR)			
Buna (synthetischer Kautschuk)			

Kunststoffe	Thermoplaste	Duroplaste	Elastomere
Polystyrol			
Polyesterharz			
PTFE (Teflon)			
Aminoharz			
Naturkautschuk			
Polyamide			
Polyurethangummi			
PMMA (Plexiglas)			

7. Welcher Werkstoff eignet sich **nicht** für die Isolation einer Heißdampfleitung?
   a) Schaumpolystyrol
   b) Schlackenwolle
   c) Steinwolle
   d) Glaswolle

8. Welcher Kunststoff liefert beim Verbrennen ein stark korrodierend wirkendes Gas?
   a) Polyethylen
   b) Polystyrol
   c) Polyvinylchlorid
   d) Polybuten

9. Bei welcher Flüssigkeit ist Gummi als Dichtungsmaterial **nicht** geeignet?
   a) Toluol
   b) verdünnte Natronlauge
   c) verdünnte Salzsäure
   d) konzentrierte Natriumchlorid-Lösung

10. Welche besonderen Eigenschaften haben Duroplaste?
    a) Sie sind durch Wärme beliebig oft formbar.
    b) Sie sind nach der ersten Formung nicht mehr formbar.
    c) Sie sind spanend nicht zu bearbeiten.
    d) Sie sind in Lösemitteln leicht aufzulösen.

11. Warum werden Kunststoffe häufig mit Glasfasern, Textilfasern oder Papier verarbeitet?
    a) Um die Festigkeit zu erhöhen.
    b) Um die Wärmeleitfähigkeit zu verbessern.
    c) Um eine geringe Dichte zu erreichen.
    d) Um Kunststoff zu sparen.

12. Durch welchen physikalischen Vorgang wird die Alterung von Kunststoffen am wenigsten beschleunigt?
    a) durch Wärmeeinwirkung
    b) durch Kälteeinwirkung
    c) durch Lichtstrahlung
    d) durch Bewitterung

13. Welche Eigenschaft hat ein Thermoplast?
    a) Er erwärmt sich bei Verformung.
    b) Er ist in der Wärme plastisch verformbar.
    c) Er ist bei tiefen Temperaturen nur elastisch formbar.
    d) Er ist ein guter Wärmeleiter.

14. Welcher Kunststoff-Typ bleibt in allen Temperaturbereichen fest bis zur Zersetzung?
    a) Thermoplaste
    b) Elastomere
    c) Duroplaste
    d) Kautschuk
    e) Thermoelaste

15. Wie bezeichnet man die Eigenschaft eines Werkstoffes, unter Belastung nachzugeben und bei Entlastung die ursprüngliche Form wieder anzunehmen?.
    a) Plastizität
    b) Elastizität
    c) Zähigkeit
    d) Dehnbarkeit

16. Was versteht man unter Thermoplasten?
    a) Bei höherer Temperatur härtbare Kunststoffe
    b) Besonders temperaturempfindliche Kunststoffe
    c) Bei Raumtemperatur pastenartige Kunststoffe
    d) Bei höherer Temperatur umformbare Kunststoffe

Verbundwerkstoffe

Als Verbundwerkstoffe bezeichnet man Stoffe, die aus mehreren Einzelwerkstoffen bestehen und zu einem Werkstoff verbunden wurden. Dadurch werden die guten und erwünschten Eigenschaften der Einzelwerkstoffe in einem Werkstoff vereint, während die schlechten und somit unerwünschten Eigenschaften überdeckt bleiben.

Im chemischen Apparatebau werden vor allem zwei Verbundwerkstoffe eingesetzt: die plattierten Bleche und die glasfaserverstärkten Kunststoffe.

In Verbundwerkstoffen lassen sich die guten Eigenschaften mehrerer Einzelwerkstoffe vereinigen und die schlechten Eigenschaften ausschalten. So sind bei den glasfaserverstärkten Kunststoffen die hohe Zugfestigkeit der Glasfasern mit der Zähigkeit der Kunststoffe kombiniert, wodurch die Sprödigkeit der Glasfasern und die geringe Festigkeit der Kunststoffe überdeckt werden.

Bei den Hartmetallen wird die Härte der Hartstoffe und die Zähigkeit der Metalle in einem Verbundstoff vereinigt. Die Sprödigkeit der Hartstoffe und die geringe Härte der Metalle sind unterdrückt.

Auf diese Weise ist es möglich, durch geeignete Auswahl und Kombination von Einzelwerkstoffen Verbundwerkstoffe mit Eigenschaften herzustellen, die genau auf ein Problem zugeschnitten sind.

Eigenschaften von Einzel- und Verbundwerkstoffen

Glasfaser	+	Kunststoff	→	Glasfaserverstärkter Kunststoff
hochfest, spröde	+	nicht fest, zäh	→	hochfest, zäh
Hartstoff	+	Metall	→	Hartmetall
hart, spröde	+	weich, zäh	→	hart, zäh

Im Verbundwerkstoff sind die guten Eigenschaften der Einzelwerkstoffe vereinigt, die schlechten Eigenschaften sind überdeckt.

Der Stoff, der im Verbund eine Erhöhung der Festigkeit oder Härte bewirkt, heißt **Verstärkungskomponente** oder **Verstärkungsmaterial**, den anderen Stoff, der den Zusammenhalt des Körpers sicherstellt, nennt man **Bindung** oder **Matrix**.

Bekannte Beispiele aus der Technik sind:
- Beton mit Zuschlägen
- rußgefüllte Dichtungsprofile
- Bremsbeläge
- Schleifscheiben als Teilchenverbund
- Drahtglas
- Autoreifen
- Stahlbeton
- glasfaserverstärkte Kunststoffe als Faserverbund, oft kombiniert mit Teilchenverbund
- Sperrholz
- Verbundsicherheitsglas als Schichtverbund

Besteht die Verstärkungskomponente aus Fasern oder Drähten, so spricht man von faser- bzw. drahtverstärkten Verbundwerkstoffen. Verbundwerkstoffe, die mit unregelmäßigen Teilchen verstärkt sind, heißen teilchenverstärkte Verbundwerkstoffe. Hat der Verbundwerkstoff einen schichtenartigen Aufbau, so bezeichnet man ihn als Schichtverbundwerkstoff.

Durch die Verstärkung werden die Verbundwerkstoffe in ihrer Festigkeit, Steifigkeit und Härte verbessert. Darüber hinaus können je nach Verbundkombination aber auch andere Eigenschaften wie z. B. die Leitfähigkeit für Wärme und Elektrizität, die Temperaturbeständigkeit und die Verschleißfestigkeit erhöht werden.

Die folgenden Abbildungen zeigen den Aufbau verschiedener Verbundwerkstoffe.

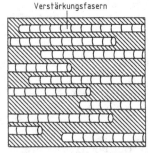

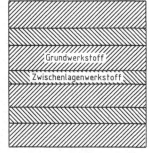

Faserverstärkter Verbundwerkstoff   Teilchenverstärkter Verbundwerkstoff   Schichtverbundwerkstoff

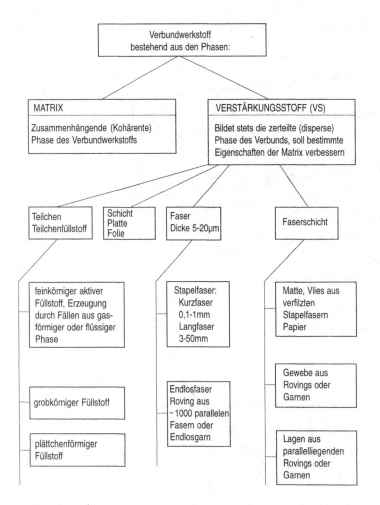

Verbundwerkstoffe (Begriffsschema)

Faserverstärkte Verbundwerkstoffe

Zur Verstärkung von Verbundwerkstoffen wählt man Fasern mit hoher Zugfestigkeit. Solche Fasern können aus Glas, Metall oder Kohlenstoff bestehen und besitzen Zugfestigkeiten bis 4000 N/mm^2. Sie sind in der Regel sehr dünn (10 bis 100 µm). Befinden sich die Fasern im Verbundwerkstoff, so übertragen sie ihre hohe Festigkeit auf das Werkstück. Dies gilt jedoch nur für die Richtung, in der die Fasern im Werkstück liegen.

Verstärkung in einer Richtung

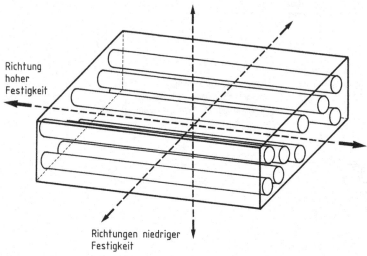

Richtung
hoher
Festigkeit

Richtungen niedriger
Festigkeit

Verstärkung in einer Richtung

Verstärkung in alle Richtungen

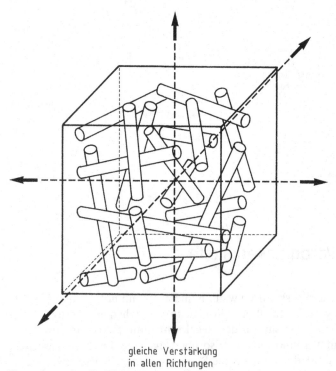

gleiche Verstärkung
in allen Richtungen

Verstärkung in alle Richtungen

Quer zur Faserrichtung wird der Werkstoff nicht verstärkt. Soll er in allen Richtungen verstärkt werden, müssen auch die Fasern in allen Richtungen liegen.

Die Verstärkungswirkung ist jedoch größer, wenn nur in einer Richtung verstärkt wird. Für Teile, die bevorzugt in einer Richtung beansprucht werden, wie Stäbe, Platten, Rohre und Profile, wird man die Faser deshalb nur in dieser einen Richtung anordnen, während Werkstücke, die allseitig belastet werden, Fasern in allen Richtungen enthalten.

Glasfaserverstärkte Kunststoffe (GfK)

Glasfaserverstärkte Kunststoffe bestehen meistens aus den Duroplasten Polyester- oder Epoxidharz und Glasfasern. Da die einzelnen Glasfasern wegen ihrer geringen Dicke schlecht zu handhaben sind, verarbeitet man sie als Stränge von mehreren tausend Einzelfasern, Rovings genannt, oder als Gewebe, Matten und Vliese. Während der Herstellung der Formteile ist der Kunststoff flüssig und wird anschließend ausgehärtet. (Thermoplaste, wie z. B. Polystyrol und Polyamid werden nur in geringem Maße zu GfK verarbeitet, da ihre Herstellung schwierig ist.)

Eigenschaften und Anwendung:
Die Eigenschaften der GfK werden durch das verwendete Harz und die Art der Glasfasern, durch den Anteil der Glasfasern am Gesamtvolumen sowie ihrer Anordnung im Werkstück bestimmt. Die Festigkeit nimmt mit steigendem Fasergehalt und der Ausrichtung der Fasern in eine Richtung zu.

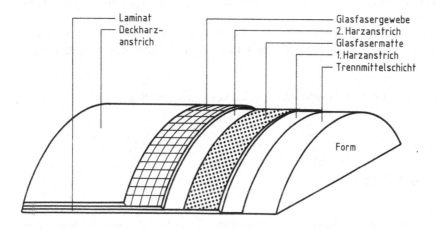

Die Abbildung zeigt die Verarbeitungsweise und den Schichtaufbau von glasfaserverstärktem Kunststoff.

Glasfasermatten werden auf eine dem Baukörper entsprechende Form gelegt und in mehreren Lagen mit Harz (flüssigem Kunststoff) getränkt. Die Glasfasern besitzen sehr hohe Festigkeiten (mit Stahl vergleichbar), die sie auf den GfK-Werkstoff übertragen. Die Korrosionsbeständigkeit entspricht der des eingesetzten Kunststoffes.

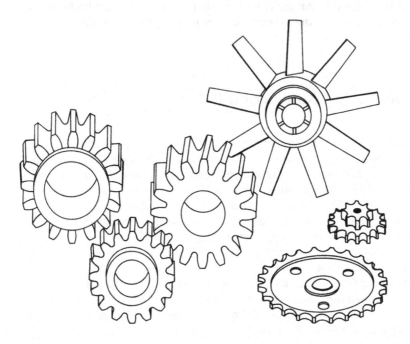

Die Abbildung zeigt verschiedene aus glasfaserverstärktem Kunststoff hergestellte Maschinenteile.

Ein Hauptanwendungsgebiet ist das Bauwesen und der Bootsbau. Im Maschinenbau fertigt man aus GfK Bauteile, Spezialwerkzeuge und Gießereiformen, aber auch Rohrleitungen und Behälter.

Glasfaserverstärkte Kunststoffe haben hohe Festigkeit und Steifigkeit bei niedriger Dichte.

Plattierte Bleche

Plattierte Bleche zählen zu den Schichtverbundwerkstoffen, die aus einem billigen Grundwerkstoff bestehen, auf den eine dünne Schicht eines hochwertigen Werkstoffs aufgewalzt ist. Der Grundwerkstoff ist ein unlegierter oder niedrig legierter, nicht hochwertiger Stahl, der die mechanische Belastung übernimmt, während die aufgewalzte Plattierung vor Korrosion schützt. Deshalb besteht der aufplattierte Werkstoff auf hochlegiertem Stahl, Nickel oder anderen korrosionsbeständigen Werkstoffen.

Der Vorteil der plattierten Bleche besteht darin, daß sie nur eine dünne korrosionsbeständige Oberflächenschicht besitzen, die das gesamte Blech schützt, ihr Preis aber im wesentlichen vom billigen Grundwerkstoff bestimmt wird.

Im chemischen Apparatebau werden plattierte Bleche zu Behältern und Apparaten verarbeitet, die korrodierende Stoffe aufnehmen müssen.

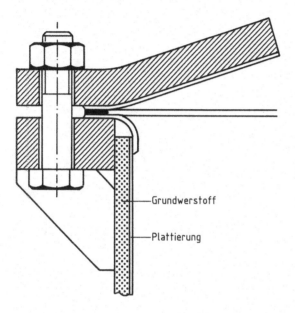

Die abgebildete Graphik zeigt den Aufbau eines plattierten Bleches.

Übungen 6

1. Im chemischen Apparatebau werden vor allem zwei Verbundwerkstoffe eingesetzt, die _____ und
   die _____ .

2. Aus welchen zwei Bestandteilen ist ein Verbundwerkstoff aufgebaut?

   _____ , _____

3. Welche Vorteile haben Verbundwerkstoffe gegenüber den Einzelwerkstoffen?

   _____

   _____

4. Was sind GfK?

   _____

5. Welche Aufgabe hat in einem Verbundwerkstoff die Matrix?

   _____

6. Welche Teile stellt man aus GfK her?

   _____

   _____

7. Wozu werden häufig in Kunststoffen Glasfasern eingearbeitet?
   a) Erniedrigung der Transparenz der Kunststoffe
   b) Verbesserung der mechanischen Eigenschaften
   c) Verbesserung der Korrosionsbeständigkeit
   d) Verringerung der Feuchtigkeitsaufnahme

8. Ergänzen Sie die Lücken!

   _____ + _____ GfK

   | hochfest | + nicht fest | hochfest |
   | spröde | zäh | zäh |

9. Der Stoff, der im Verbund eine Erhöhung der Festigkeit oder Härte bewirkt, heißt _____ oder Verbundstärkungsmaterial; den anderen Stoff, der den Zusammenhalt des Körpers sicherstellt, nennt man Bindung oder _____ .

10. Nach dem Aufbau der Verbundwerkstoffe unterscheidet man zwischen
    _____ verstärktem,
    _____ verstärktem und
    _____ verbundwerkstoff.

11. Plattierte Bleche zählen zu den _____ verbundwerkstoffen, die aus einem billigen _____ bestehen, auf den eine dünne Schicht eines korrosionsbeständigen Werkstoffs aufgewalzt ist. Der Grundwerkstoff ist ein unlegierter oder niedrig legierter Stahl, der die _____ _____ übernimmt während die aufgewalzte Plattierung vor _____ schützt.

Werkstoffzerstörung

Die eingesetzten Werkstoffe sind während ihrer Verwendung den verschiedenartigsten Belastungen ausgesetzt. Diese können zur teilweisen oder sogar völligen Zerstörung der Werkstoffe führen. Die Werkstoffzerstörung verursacht – durch Produktionsausfall, Aufwendungen für Reparatur und Montage, Betriebsstörungen, Sekundärschäden und Unfälle – in der Industrie und in der übrigen Wirtschaft erhebliche finanzielle Verluste. In der Betriebstechnik und im Maschinen/Apparatebau gilt es den verschiedenen Arten der Werkstoffzerstörung, die nachfolgend beschrieben sind, durch entsprechende Maßnahmen entgegen zu wirken.

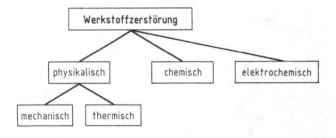

Ein Werkstoff kann z. B. zerstört werden durch:
– Quellen, Lösen
– Erosion, Verschleiß
– Ermüdung
– Kavitation
– Ungünstige Temperatur/Temperaturwechsel
– Korrosion
Schäden an Werkstoffen oder an den daraus gefertigten Teilen treten oft durch Einwirkung mehrerer Einflüsse auf.

Zur mechanischen Werkstoffzerstörung zählen:
– Erosion und Verschleiß
– Werkstoffermüdung
– Kavitation
– Mechanische Überbeanspruchung und Verformung

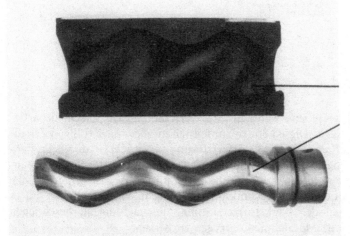

Verschleißerscheinungen
an Teilen einer
Exzenterschneckenpumpe

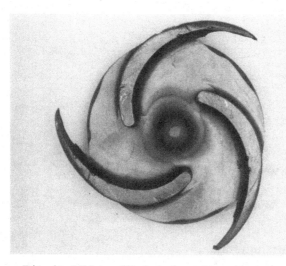

Erosion am
Laufrad einer
Kreiselpumpe

Die abgebildeten Werkstücke zeigen durch Einwirkung von Erosion und Verschleiß auftretende Werkstoffzerstörungen.

Erosion: Unter Erosion versteht man den Abrieb von Werkstoffoberflächen durch strömende Medien (Gase, Flüssigkeiten, Feststoffe bzw. deren Gemische).

Erosion nennt man auch das Ausschleifen oder Auswaschen des Werkstoffes. Erosion und Korrosion können sich in ihrer zerstörerischen Wirkung addieren. Korrosionshemmende Schutzschichten können durch Erosion zerstört werden, andererseits kann eine durch Korrosion aufgerauhte Oberfläche der Erosion größere Angriffspunkte geben.

Die Erosion kann verringert werden durch
Herabsetzen der Fördergeschwindigkeit,
Verstärken der Wanddicke,
Auftragschweißung von z. B. Ferrosilicium.

Verschleiß: Unter Verschleiß versteht man eine unerwünschte Oberflächenabtragung durch gegenseitige Reibung zweier Gegenstände, so daß deren Brauchbarkeit herabgemindert wird.

Lagerelemente, Rührer, Treibteile von Pumpen, Umlenkbleche von Wärmeaustauschern und Zerkleinerungsteile von Mühlen sind dieser Art Werkstoffzerstörung in der chemischen Industrie besonders unterworfen.

Werkstoffermüdung: Ermüdung bedeutet ein zu langes Belasten von Werkstoffen knapp unterhalb den mechanisch zulässigen Grenzwerten, so daß Zerstörungen im ganzen Material auftreten.

Ermüdungserscheinungen in Werkstoffen zeigen sich z. B. durch Rißbildung, Brüche, Verlängerungen und Abnahme der Elastizität.

Vor allem schwingende Teile ermüden sehr leicht, z. B. schlecht ausgewuchtete Rührer.

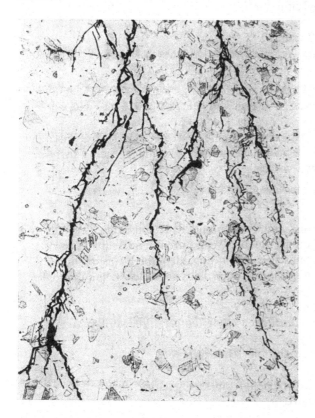

Tritt zu einer Dauer- oder Wechsellastbeanspruchung noch gleichzeitig eine Korrosionsbeanspruchung durch die Umgebung hinzu, so wird die Dauerfestigkeit herabgesetzt und man spricht von Korrosionsdauerfestigkeit.

Die kombinierte Wirkung von Lastwechsel und Korrosion führt meist zu transkristallinen Rissen.

Kavitation: Kavitation ist eine plötzliche Kondensation und Implosion von in Flüssigkeit eingebetteten Dampfblasen. Dies wird dadurch hervorgerufen, daß die Dampfblasen in eine Flüssigkeitsumgebung geraten, die plötzlich höheren Druck ausübt.

Durch Kavitation entstehen Schwingungen (z. B. Lärm, oft sogar Ultraschall), die den Werkstoff auseinanderbrechen können.

Spannungsrisse, Ermüdungsbrüche und Löcher mit teilweise plastischer Verformung sind möglich. Der Werkstoff kann zudem seine schützende Oxidhaut verlieren und damit chemisch aktiv werden.

Die unerwünschten Dampfblasen entstehen z. B. hinter sich schnell bewegenden Flügeln von Pumpen, die Flüssigkeiten fördern, oder beim Einströmen von Dämpfen in Flüssigkeiten, z. B. Heißdampf in Wasser. Diese Erscheinung tritt auch oft bei Inbetriebnahme einer Heißdampfleitung auf.

Kavitation vermeidet man, z. B. durch:
Einleiten von Dampf durch feine Verteilersysteme oder durch Düsen im Mitnehmerrohr für Flüssigkeiten.

Fördern von Flüssigkeiten in Pumpen mit nicht zu geringer Zulaufhöhe und nicht zu großer Saughöhe. Pumpe nicht zu schnell laufen lassen bzw. langsamer laufende Pumpen verwenden.

Unter bestimmten Bedingungen kann sich hinter Turbinenrädern, Propellern und Schiffsschrauben ein Vakuum ausbilden, bei dessen Zusammenbruch Flüssigkeitsschläge entstehen, die zerstörend wirken.

Zufuhr von nichtkondensierbarem Gas (Gasballast)

Mechanische Überbeanspruchung und Verformung: Unerwünschtes mechanisches Zerreißen, Verziehen und Verformen von aus Werkstoffen hergestellten Gegenständen zeigt sich nach grober mechanischer Einwirkung oder Überbeanspruchung. Dadurch wird die Brauchbarkeit abgemindert oder die weitere Benutzung unmöglich.

Thermische Werkstoffzerstörung:
Durch zu tiefe, zu hohe oder zu schnell wechselnde Temperaturen können Werkstoffe wie folgt beschädigt werden:
Bruch infolge Versprödung durch zu tiefe Temperaturen.

Rißbildung bei zu großen und raschen Temperaturwechseln (besonders bei Verbundwerkstoffen wie Stahl-Email).

Verformung durch Plastifizieren bei zu hohen Temperaturen bis zum Schmelzen
des Werkstoffes.

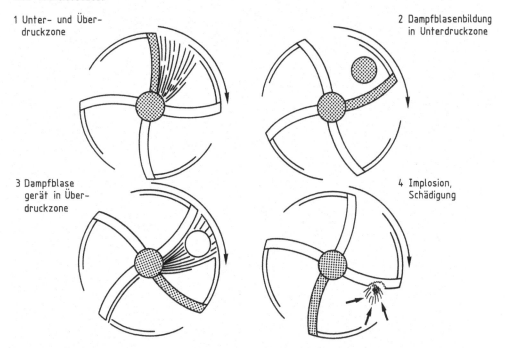

1 Unter- und Über-
druckzone

2 Dampfblasenbildung
in Unterdruckzone

3 Dampfblase
gerät in Über-
druckzone

4 Implosion,
Schädigung

Die Abbildung zeigt eine mögliche Kavitationswirkung nach der Inbetriebnahme
einer Kreiselpumpe.

Die Abbildung zeigt ein Beispiel einer thermischen Werkstoffzerstörung: ein
Frostschaden an einem Kondensatableiter.

Übungen 7

1. Spricht man von physikalischer Werkstoffzerstörung, so meint man hauptsächlich
   _____ und _____ Einflüsse.

2. Die mechanische Werkstoffzerstörung schließt u. a.
   - _____
   - _____
   - _____
   - _____ ein.

3. Unter _____ versteht man einen zerstörenden Angriff durch strömende
   Medien.

4. Eine plötzliche Kondensation von in Flüssigkeit eingebetteten Dampfblasen unter
   Implosion, bezeichnet man als _____ .

5. Wenn ein Werkstoff durch zu tiefe, zu hohe oder zu schnell wechselnde Temperaturen beschädigt wird, spricht man von _____ Werkstoffzerstörung.

6. An welcher Stelle des Rohrbogens ist die Erosion am größten?

a)
b)
c)
d)

Werkstoffzerstörung durch Korrosion

Unter Korrosion versteht man einen unerwünschten chemischen oder elektrochemischen, zerstörenden Angriff auf eine Werkstoffoberfläche.

Wie aus der Definition zu entnehmen ist, handelt es sich bei der Korrosion also um
eine chemische Werkstoffzerstörung, d.h. der angegriffene Werkstoff bzw. die Werkstoffoberfläche wird chemisch verändert. Es findet eine chemische Umsetzung, eine
Reaktion statt. Es entsteht ein neuer Stoff mit veränderten chemischen und physikalischen Eigenschaften.

Ursachen der Korrosion sind chemische und elektrochemische Vorgänge.

Begriffe:

korrodieren ────────────→ Korrosion verursachen

korrodiert werden ──────→ Korrosion erleiden

korrosiv ───────────────→ Eigenschaften der Umgebung, eine Korrosion zu
verursachen

Von den vielen Möglichkeiten der Werkstoffzerstörung treten Korrosionserscheinun-
gen häufiger auf. Sehr gefährlich sind durch Kavitation unterstützte Korrosionen
und solche, die in Spalten oder unter Deckschichten anfangen bzw. nur vereinzelt als
Lochfraß erscheinen, da sie häufig zu spät entdeckt werden.
   Um Veränderungen rechtzeitig zu erkennen, müssen ständig alle zugänglichen
Außenteile und nach Entleerung eines Systems, die Innenseiten überprüft werden.
   Die Werkstoffe zeigen eine unterschiedliche Korrosionsneigung. Bei Eisenwerk-
stoffen kann z.B. durch die Einwirkung von Luft und Wasser eine lockere, poröse
Rostschicht entstehen, die bis zur Zerstörung des Werkstückes fortschreitet. Auf
Kupfer und Aluminium dagegen bildet sich eine dichte, haltbare Schutzschicht, die
eine weitere Korrosion verhindert. Während unlegierter Stahl bereits in feuchter Luft
korrodiert wird, erleiden z.B. nichtrostende Stähle und Edelmetalle durch feuchte
Luft keine Korrosion.
   Bei der Werkstoffauswahl muß berücksichtigt werden, wie korrosiv die das Werkstück umgebende Atmosphäre ist. Die richtige Auswahl kann mit Hilfe von Tabellen
oder Korrosionsuntersuchungen getroffen werden.

Korrosionsarten

Man unterscheidet Korrosionsarten ohne mechanische Beanspruchung und mit mechanischer Beanspruchung.

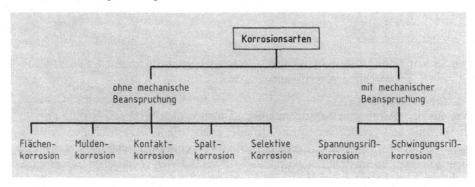

Die einfachste und bekannteste Art der Korrosion ist das Rosten von Eisen. Das Eisen oxidiert an der Oberfläche und bildet eine Rostschicht. Folgende chemische Reaktion liegt dem Vorgang des Rostens zugrunde.

$$4\ Fe + 3\ O_2 \rightarrow 2\ Fe_2O_3$$

Damit diese Reaktion ablaufen kann, braucht kein reiner Sauerstoff zur Verfügung zu stehen. Der in der Luft oder in feuchter Atmosphäre gebundene Sauerstoff geht diese zur Korrosion führende Oxidationsreaktion ein.

Das Rosten des Eisens ist meistens eine ebenmäßige Korrosion und daher relativ unkompliziert und ungefährlich, weil sie durch geeignete Werkstoffauswahl vermieden bzw. auf ein geringes Maß beschränkt und deutlich beobachtet werden kann.

Demgegenüber ist örtlich begrenzte Korrosion äußerst gefährlich, weil sie meist nicht anerkannt wird, da sie nur an wenigen Stellen des Apparates auftritt. Diese Korrosionsstellen (z. B. kristalline Korrosion) sind oft so klein, daß sie mit bloßen Augen nicht erkannt werden können, bei Belastung aber den Bruch des Apparates verursachen können.

Flächenkorrosion: Hierbei handelt es sich um eine annähernd gleichmäßige, von der Oberfläche in das Material eines Werkstoffes eindringende Korrosion.

Sie tritt ein, wenn ein Prozeß-Stoff gleichmäßig mit dem Werkstoff chemisch reagiert, z. B. Zink mit Salzsäure.

Muldenkorrosion (Loch-Korrosion oder Lochfraß): Die Muldenkorrosion ist eine örtliche Korrosion, die zuerst zu Vertiefungen und dann zur (Durch)-Löcherung eines Werkstoffes führt. Der Werkstoff kann dabei nur eine, mehrere oder sehr viele solcher Stellen aufweisen.

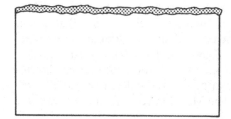

Flächenkorrosion

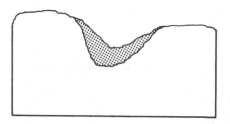

Muldenkorrosion

Beispiele für die Ursache von Muldenkorrosion:

– Saure Wassertropfen in Metalltank für wasserfreie Lösemittel
– Berührung verschiedener Metalle in feuchter Atmosphäre

Diese Korrosionsart tritt immer dann auf, wenn die Werkstoffoberfläche von einer korrosionsschützenden Deckschicht überzogen ist, die Poren aufweist.

In Gegenwart von Chloridionen erleidet ein passives Metall nadelstichartige Korrosion.

Kontaktkorrosion: Durch Zusammenbringen zweier verschiedener Metalle oder Metall-Legierungen, die in der elektrochemischen Spannungsreihe (s. S. 87) weit von einander entfernt stehen – man sagt verschieden edel sind – kommt es zur sogenannten Lokalelement-Korrosion. Hierbei wird das unedlere Metall zerstört.

Zwischen den beiden Metallen kommt es zu einem Elektronenfluß, wobei das unedlere Metall als Anode Elektronen an die Kathode, dem edleren Metall, abgibt. Durch diese Elektronenabgabe geht das unedlere Metall in Ionenform über und löst sich im Elektrolyten.

Elektrolyte sind elektrisch leitende Flüssigkeiten.

Elektrochemische Korrosionen gehen um so rascher vor sich, je größer die Elektronenströme sind, d.h.:

– Je weiter die Metalle in der Spannungsreihe auseinander liegen.

– Je größer die Kathode gegenüber der Anode ist.

– Bei Werkstoffen mit passiv wirkender Oxidschicht: je kleiner die Sauerstoff-Konzentration an der Anode ist.

– Je höher die Konzentration des angreifenden Prozeß-Stoffes ist, jedoch nur bis zu einem bestimmten Maximum.

Kontaktkorrosion kommt häufig vor an zwei sich berührenden oder elektrisch leitend verbundenen Werkstoffstücken (Nieten und Blech, Faß und Reifen, Schellen und Rohr, Rührer und Rührkessel).

Spalt-Korrosion: Die Spalt-Korrosion ist eine örtliche Korrosion in Spalten, insbesondere bei Metallen, die normalerweise durch ihr eigenes Oxid geschützt (passiv) sind. In Spalten kann die Schutzschicht leichter weggelöst werden, da der Elektrolyt im Spalt durch Hydrolyse der Korrosionsprodukte meist sauer und sauerstoffärmer als der Elektrolyt außerhalb des Spaltes ist. Dadurch tritt rascher ein zerstörender Angriff auf die aktiv gewordene Spaltoberfläche ein, speziell in Gegenwart von Salzen wie z.B Calciumchlorid oder Eisenchlorid.

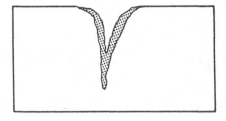

Spalt-Korrosion

Spalten bilden sich z. B., wenn Metallteile gestapelt werden, wenn defekte Tank-
wände mit Metallstücken überlappt werden, wenn Dichtungsflächen ohne oder mit
zu wenig Dichtungsmaterial aufeinander liegen und auch zwischen Wellen und deren
Gleitlager mit engen Passungen.

Unter selektiver Korrosion versteht man das bevorzugte Herauslösen von Legierungsbestandteilen und insbesondere Gefügebestanteilen. Beispiele hierfür sind die interkristalline Korrosion der nichtrostenden Stähle, wobei hier die chromverarmten
Korngrenzbereiche angegriffen werden.

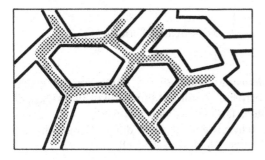

Interkristalline Korrosion

Die transkristalline Korrosion ist die durch das Korn des Kristallgefüges laufende
Korrosion, bedingt duch Versetzungen im Kristallgitter oder eingebaute Fremd-
atome.

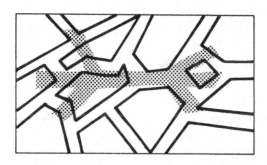

Transkristalline Korrosion

Messerschnitt-Korrosion: Scharfe Schnittbildung durch Korrosion unmittelbar
neben einer Schweißnaht bezeichnet man auch als Messerschnitt-Korrosion. Sie kann
z. B. durch Anreicherung von Karbiden an diesen Stellen auftreten.

Generell sind Schweißnähte, an denen sich Verunreinigungen (speziell Eisenkar-
bide) anreichern können, korrosionsgefährdet. Man verwendet daher oft Chrom-
Nickel-Molybdän-Stähle (17,5 % Cr, 12 % Ni, 2,7 % Mo), die maximal 0,03 % Kohlenstoff enthalten.

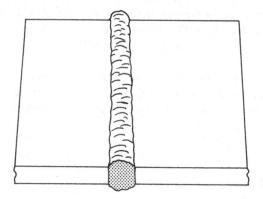

Messerschnitt-Korrosion

Spannungsriß- und Schwingungsrißkorrosion: Unter diesen Arten von Korrosion versteht man eine verstärkte örtliche Korrosion, gefördert durch zuvor im Werkstoff erzeugte Spannungen (z. B. durch Biegen, Drücken, Ziehen, Walzen).

Verformungsspannungen bleiben bestehen, wenn sie nicht durch Anwärmen, gefolgt von langsamem Kühlen, gelöst werden (Spannungsfreiglühen).

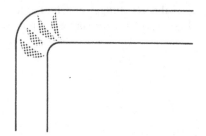

Spannungsriß-Korrosion

Die Voraussetzungen für das Auftreten von Spannungsrißkorrosion können in folgender Form zusammengefaßt werden:

1. Es müssen Zugspannungen vorhanden sein.
2. Es muß ein spezifisch angreifendes Korrosionsmittel (z. B. Cl^--Ionen) einwirken.
3. Der Werkstoff muß eine Neigung zur Spannungsrißkorrosion besitzen (abhängig von den Legierungsbestandteilen).
4. Die Temperatur des Korrosionsmediums muß ausreichend hoch sein.

Elektrochemische Spannungsreihe

Zur Beurteilung der elektrochemischen Korrosion dient die Spannungsreihe von metallischen Werkstoffen. Dies ist eine Einordnung elementarer metallischer Werkstoffe in eine Reihe mit zunehmender Beständigkeit (edler, kathodischer).

Aus dieser Spannungsreihe ergeben sich folgende Werte:

Kalium	$-2,92$ V
Calcium	$-2,76$ V
Natrium	$-2,71$ V
Magnesium	$-2,40$ V
Aluminium	$-1,69$ V
Zink	$-0,76$ V
Chrom	$-0,51$ V
Eisen	$-0,44$ V
Nickel	$-0,25$ V
Zinn	$-0,16$ V
Blei	$-0,13$ V
Wasserstoff	$\mp 0,00$ V
Kupfer	$+0,35$ V
Silber	$+0,81$ V
Gold	$+1,38$ V
Platin	$+1,60$ V

Beispiele:

a) Kupfer $+0,35$ V gegen Zink $-0,76$ V, Spannung = 1,11 V
                 Zink wird von Kupfer zerstört.

b) Nickel $-0,25$ V gegen Zink $-0,76$ V, Spannung = 0,41 V
                 Zink wird zerstört.

c) Aluminium $-1,69$ V gegen Zink $-0,76$ V, Spannung = 0,93 V
                 Aluminium wird zerstört.

Als Elektrolyt wirkende Feuchtigkeit begünstigt die elektrochemische Korrosion. Das edlere Metall zerstört das unedlere durch Elektronenabgabe an das positivere Metall.

Wichtig ist also, beim Verarbeiten von Metallen, die in der elektrochemischen Spannungsreihe weit auseinander stehen, die Berührungsfläche zu isolieren, z.B. durch eine Lackschicht, Bitumenschicht oder ein anderes isolierendes Material.

Verzinktes Eisen

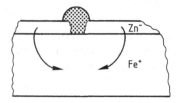

Das Eisen wirkt gegenüber dem Zink positiv. Durch eine Verletzung der Zink-Schicht wirkt der Wassertropfen als Elektrolyt. Die Elektronen fließen von Zn zum Fe und das Zn wird zerstört.

Verzinntes Eisen

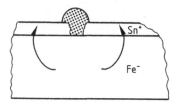

Das Zinn wirkt gegenüber dem Eisen positiv und hier wird das Eisen zerstört. Das Eisen muß Elektronen an das Zinn abgeben.

Tabellen zum Korrosionsverhalten von Werkstoffen

Die Korrosion ist von verschiedenen Faktoren abhängig, wie

Druck
Temperatur
Bewegung des Mediums
Zeit

Es müssen also, um das genaue Korrosionsverhalten zu ermitteln, die entsprechenden Korrosionsversuche durchgeführt werden.

Die nachstehenden Tabellen geben einen Überblick über das Korrosionsverhalten legierter Werkstoffe und reiner Metalle gegenüber anorganischen und organischen Stoffen und Verbindungen.

Zeichenerklärung:

+ geeignet (Abtragung kleiner als 2,4 gm^{-2} je Tag)
○ bedingt geeignet (Abtragung zwischen 2,4 g und 24 gm^{-2} je Tag)
− Werkstoff ungeeignet

Die Korrosion ist in den ersten 24 h im allgemeinen größer als in der nachfolgenden Zeit.

Freie Felder in den Korrosionstabellen bedeuten, daß zur Zeit noch keine Werte vorliegen. Weiter muß beachtet werden, daß Mischungen oder Legierungen von Stoffen ein wesentlich anderes Korrosionsverhalten aufweisen.

Korrosionsverhalten legierter Werkstoffe gegenüber anorganischen Verbindungen

	X Cr Ni 18 8	X Cr 12	Cu Zn – Messing	Cu Al – Al-Bronze	Cu Sn – Bronze, Rotguß	Si Al – Silumin
Ammoniaklösung	+	+	–	–	–	O
Ammoniumchloridlösung	+	O	–	O		+
Atmosphärische Luft	+	+	+	+	+	+
Calciumhydroxidlösung	+	+	–	+	–	O
Chlor	+	+	+	+	+	+
Kaliumhydroxidlösung 50%ig	O	+	O	+	+	–
Kaliumhydroxidlösung 20%ig	+	+	+	+	+	–
Kaliumchloridlösung	+	O	+	+	O	O
Calciumchloridlösung	+	+	+	+	+	+
Natriumhydroxidlösung 50%ig	+	+	O	O	+	–
Natriumhydroxidlösung 20%ig	+	+	+	+	+	–
Natriumchloridlösung	+	O	+	+	O	O
Phosphorsäure	+	O	–	O	–	–
Salpetersäure konzentriert	O	+	–	–	–	+
Salpetersäure 10%ig	+	O	–	–	–	O
Salzsäure konzentriert	–	–	–	–	–	–
Salzsäure 5%ig	–	–	–	+	–	–
Schwefelsäure 75-98%ig	+	+	–		–	+
Schwefelsäure 10%ig	–	–	–	O	–	–
Schwefelwasserstoff	+	+	–	+		

Korrosionsverhalten legierter Werkstoffe gegenüber organischen Verbindungen

	X Cr Ni 18 8	X Cr 12	Cu Zn – Messing	Cu Al – Al-Bronze	Cu Sn – Bronze, Rotguß	Si Al – Silumin
Alkanale	+	+	+	+	+	O
Alkanole	+	+	O	+	O	+
Ethansäure 100%ig	+	+	O			O
Ethansäure verdünnt	+	+	–	+	+	+
Ether	+	+	+	+	+	+
Anilin	+	+	O	O	O	+
Ester	+	+	+	+	+	+
Methansäure	+	+	+	+	O	O
Propanon	+	+	+	+	+	+
Tetrachlormethan	+	+	O	O	+	+
Carbonsäuren aliphatisch	+	+	–	+	+	+
Carbonsäuren aromatisch	+	+	O	O	O	+
Kohlenwasserstoffe aliphatisch	+	+	O	+	+	+
Kohlenwasserstoffe aromatisch	+	+	O	+	+	+
Halogen-Kohlenwasserstoff aliphatisch	+		O	+	+	+
Halogen-Kohlenwasserstoff aromatisch	O	+	O	+	+	+

Korrosionsverhalten reiner Metalle gegenüber anorganischen Verbindungen

	Aluminium	Blei	Kupfer	Stahl, unlegiert	Zink	Zinn	Silber	Nickel	Chrom
Ammoniaklösung	O	+	−	+	−	−	+	+	+
Ammioniumchloridlösung	O	O	−	O	O	+	−	O	−
Atmosphärische Luft	+	+	+	+	+	+	+	+	+
Calciumhydroxidlösung	+	O	−	O	−	+	+	+	
Chlor	+	+	+	O	+	−	+	+	+
Kaliumhydroxidlösung 50%ig	−	−	O	+	−	−	+	+	+
Kaliumhydroxidlösung 20%ig	−	O	O	+	−	−	+	+	+
Natriumcarbonatlösung	−	+	+	+	−	+	+	+	
Kaliumchloridlösung	−	O	O	O	O	+	+	+	
Calciumchloridlösung	+	O	−	O	−	+	+	+	
Natriumhydroxidlösung 50%ig	−	−	O	+	−	−	+	+	+
Natriumhydroxidlösung 20%ig	−	O	O	+	−	−	+	+	+
Natriumchloridlösung	−	O	O	O	O	+	+	+	
Phosphorsäure	−	O	−	−	−	−	O	−	
Salpetersäure konzentriert	O	−	−	−	−	−	O	−	+
Salpetersäure 10%ig	−	−	−	−	−	−	−	−	O
Salzsäure konzentriert	−	−	−	−	−	−	−	−	−
Salzsäure 5%ig	−	+	−	−	−	−	O	+	−
Schwefelsäure 75−98%ig	−	+	+	+	−	−	−	+	
Schwefelsäure 10%ig	+	+	−	−	−	−	+	−	O
Schwefelwasserstoff	+	+	−	O	O	+	−	−	+

Korrosionsverhalten reiner Metalle gegenüber organischen Stoffen

	Aluminium	Blei	Kupfer	Stahl, unlegiert	Zink	Zinn	Silber	Nickel	Chrom
Alkanale (Aldehyde)	O	O	O	O	O	+	−	+	
Alkanole (Alkohole)	+	O	+	O	+	+	+	+	
Ethansäure 100%ig	−	+	O	−	−	O	O	+	
Ethansäure verdünnt	+	O	+	−	−	O	+	O	+
Ether	+	+	+	+	+	+	+	+	+
Anilin	+	O	−	O	O	+	+	+	+
Ester	+	−	+	+	−	+	+	+	
Methansäure	O	O	+	−	−	+	O	+	+
Propanon	+	O	+	−	+	−	+	+	
Tetrachlormethan	O	+	+	O	−	−	+	+	
Carbonsäure aliphatisch	O	−	+	O	−	−	+	O	
Carbonsäure aromatisch	+	−	−	O	−	−	+	O	
Kohlenwasserstoff aliphatisch	+	O	+	O	O	+		+	
Kohlenwasserstoff aromatisch	+	O	+	+	O	+	+	+	
Halogen-Kohlenwasserstoff aliphatisch	+	+	+	+	−	O	+	+	
Halogen-Kohlenwasserstoff aromatisch	+	+	+	+	−	+	+	+	

Korrosionsverhalten reiner Metalle gegenüber anorganischen Verbindungen

	Buna	Email	Glas	Gummi	Polyethen	Polytetrafluorethan	Polyvinylchlorid	Porzellan – Steinzeug	Quarz	Korobon (Graphit)
Ammoniaklösung	−	+	+	+	+	+	○	+	+	+
Ammoniumchloridlösung	+	+	+	+	+	+	○	+	+	+
Atmosphärische Luft	+	+	+	+	+	+	+	+	+	+
Calciumhydroxid	+	+	+	+	+	+	+	+	+	+
Chlor	−	+	+	−	+	+	+	+	+	+
Kaliumhydroxidlösung 50%ig	+	−	○	+	+	+	+	○	○	+
Kaliumhydroxidlösung 20%ig	+	○	+	+	+	+	+	○	+	+
Kalium-Natriumcarbonatlösung	+	○	○	+	+	+	○	+	+	+
Kaliumchloridlösung	+	+	+	+	+	+	+	+	+	+
Calciumchloridlösung	+	+	+	+	+	+	○	+	+	+
Natriumhydroxidlösung 50%ig	+	○	○	+	+	+	○	○	○	+
Natriumhydroxidlösung 20%ig	+	○	+	+	+	+	○	○	+	+
Natriumchloridlösung	+	+	+	+	+	+	+	+	+	+
Phosphorsäure	○	+	+	○	○	+	+	○	+	+
Salpetersäure konzentriert	−	+	+	−	○	+	−	+	+	○
Salpetersäure 10%ig	○	+	+	○	+	+	○	+	+	+
Salzsäure konzentriert	+	+	+	+	○	+	○	+	+	+
Salzsäure 5%ig	+	+	+	+	+	+	+	+	+	+
Schwefelsäure 75–98%ig	−	+	+	−	○	+	○	+	+	○
Schwefelsäure 10%ig	○	+	+	○	○	+	○	+	+	+
Schwefelwasserstoff	+	+	+	+	○	+	○	+	+	+

Korrosionsverhalten reiner Metalle gegenüber anorganischen Verbindungen

	Buna	Email	Glas	Gummi	Polyethen	Polytetrafluorethan	Polyvinylchlorid	Porzellan – Steinzeug	Quarz	Korobon (Graphit)
Alkane	○	+	+	○	+	+	○	+	+	
Alkanole	○	+	+	○	○	+	○	+	+	+
Ethansäure 100%ig	○	+	+	○	−	+	+	+	+	+
Ethansäure verdünnt	○	+	+	○	+	+	+	+	+	+
Ether	○	+	+	−				+	+	+
Anilin		+	+	−				+	+	
Ester	−	+	+	−	+	+	−	+	+	
Methansäure	○	○	+	−	+	+		+	+	
Propanon	○	+	+	○	+	+	+	+	+	+
Tetrachlormethan		+	+	−	−	+	○	+	+	+
Carbonsäuren aliphatisch		+	+	−	+	+	○	+	+	+
Carbonsäuren aromatisch		+	+					+	+	+
Kohlenwasserstoffe aliphatisch	+	+	+		+	+		+	+	
Kohlenwasserstoffe aromatisch	○	+	+	−	○	+	−	+	+	+
Halogen-Kohlenwasserstoff aliphatisch		+	+	−	−	+	−	+	+	
Halogen-Kohlenwasserstoff aromatisch		+	+	−	−	+	−	+	+	

Übungen 8

1. Was versteht man unter Korrosion?

   _____

   _____

   _____

   _____

2. Ursachen der Korrosion sind _____ und _____ Vorgänge.

3. korrodieren _____

   korrodiert werden _____

   korrossiv _____

4. Man unterscheidet Korrosionsarten ohne und mit

   _____

5. Um welche Korrosion handelt es sich?

   _____

   _____

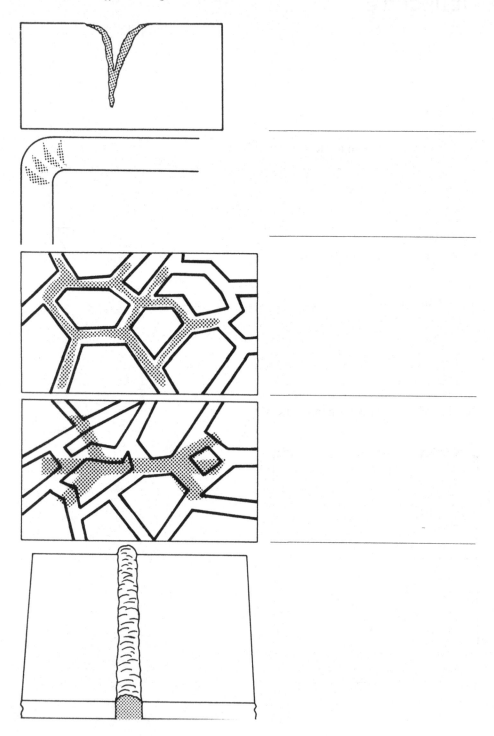

6. Elektrochemische Korrosion läuft umso schneller ab, je _____ die Metalle in der _____ auseinander liegen.
   Elektrisch leitende Flüssigkeiten werden als _____ bezeichnet.

7. Verzinktes Eisen

a)

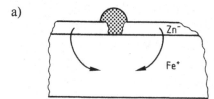

Welches Metall wird zerstört?
a)

Verzinntes Eisen

b)

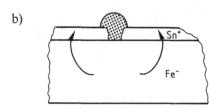

b)

8. Ein Stahl ist durch einen metallischen Überzug gegen Korrosion geschützt. Welcher metallische Überzug schützt bei Verletzung des Überzuges am besten vor dem Unterrosten?

   a) Kupfer
   b) Chrom
   c) Zink
   d) Zinn

Korrosionsschutz

Die Korrosion führt in der Industrie und Wirtschaft zu riesigen Verlusten (in Milliardenhöhe) an Materialien, Maschinen und Apparaturen. Die damit verbundenen Mehraufwendungen für Reparatur und Montage, ausfallende Produktion, Sekundärschäden und Unfälle steigern die Verluste enorm.

Beispiele von Sekundärschäden:
Zerknallen von Behältern, Ausströmen von Prozeß- oder Energieträgern nach Zerknallen von Apparaturen. Dies kann z. B. zur Bildung von Explosionsgemischen und zu gesundheitsschädigenden Einwirkungen auf Menschen führen.

Verfahren zum Schutz vor Korrosion

Zum Schutz vor Korrosion hat die Behandlung und insbesondere die Beschichtung von Werkstoffoberflächen besondere Bedeutung.
    Die Verfahren zum Korrosionsschutz können nach der Art des Überzugs gegliedert werden.

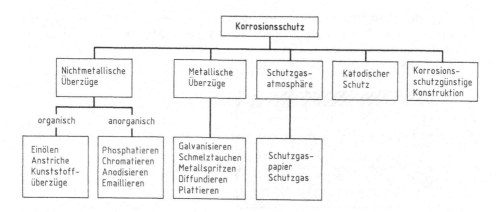

Nichtmetallische organische Überzüge

Diese Beschichtungen verhindern die Berührung der Werkstückoberflächen mit korrodierenden Stoffen.

Einölen, Einfetten: Da viele Stahl- und Eisenteile mit Rücksicht auf ihren Verwendungszweck blank bleiben müssen (Meßgeräte, Gleitflächen usw.) werden sie durch EINÖLEN und EINFETTEN gegen Korrosion geschützt.

Man verwendet Mineralöle oder Vaseline (mineralisches Fett). Die Öle und Fette müssen von der Qualität her dem Verwendungszweck entsprechen, d. h. sie müssen u. a. säurefrei sein.

Anstriche: Als Anstrichstoffe verwendet man u. a. Ölfarben, Teerfarben und Kunstharzlacke. Die Anstriche können je nach Verwendungszweck und erforderlicher Güte aus einer oder mehreren Schichten bestehen. Man unterscheidet Grund- und Deckanstrich, die beide jeweils mehrschichtig sein können.

Der Zustand des Stahluntergrundes, auf dem ein Anstrich aufgebracht wird, ist ein sehr wichtiger Faktro für die Lebensdauer des Anstriches. Vor dem Auftrag des Anstrichs sind die Flächen von Rost oder sonstigen Korrosionsschichten und Verunreinigungen zu befreien.

Untergrund	Beginn der Rostung nach Jahren
Walzhaut	5
Handentrostet	6
Gebeizt	8
Gesandstrahlt	11

Bei Verwendung von Ölfarben bildet den eigentlichen Rostschutz ein Grundüberzug mit Mennige, dem Bleioxid Pb_3O_4, das in Leinöl verrührt ist. Für den Deckanstrich verwendet man Leinölfarben.

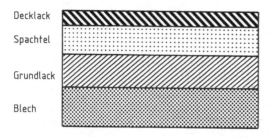

Schnitt durch einen Lackanstrich

Kunststoffüberzüge: Sie wirken korrosionsschützend und elektrisch isolierend. Im Vergleich zu den Anstrichen werden in einem Arbeitsgang größere Schichtdicken erreicht, die auch mechanisch belastbar sind.

Praktische Anwendung finden diese Überzüge z. B. an Verkleidungen jeder Art. Die Auswahl der Kunststoffe hängt von den Stoff- und Temperatureinflüssen ab.

Zum Korrosionsschutz von Blechen, Rohren und Behältern können auch Pech- oder Asphaltüberzüge benutzt werden.

Nichtmetallische anorganische Überzüge

Sie zeichnen sich neben der korrosionsschützenden Wirkung durch ihre billige Herstellung und durch gute elektrische Isolierung aus.

Phosphatieren: Beim Phosphatieren wird auf den Stahlteilen eine Schutzschicht aus Eisenphosphat erzeugt. Die Werkstücke werden vor der Behandlung entrostet und entfettet. Anschließend setzt man sie im Sprüh- oder Tauchverfahren der Einwirkung einer wäßrigen Lösung von Mangan- oder Zinkphosphat aus. Dabei reagiert der Stahl an der Oberfläche des Werkstücks und bildet eine korrosionsschützende, etwas porige Phosphatschicht. Diese Schicht ist mit dem Grundmetall fest verbunden:

Sie erhöht die Haftung von Anstrichen und vermindert die Gefahr des „Unterrostens" (Rosten unter einem Anstrich).

Die porige Oberfläche muß durch eine besondere Nachbehandlung abgedichtet werden. Hierzu können die Werkstücke, je nach dem Verwendungszweck, nach dem Phosphatieren geschwärzt, eingeölt, angestrichen, gespritzt oder emailliert werden.

Chromatieren: Beim Chromatieren entsteht durch Eintauchen des Werkstücks in Chromsäure-haltige Bäder eine Chromatschicht auf dem Werkstück (Chromat ist ein Salz der Chromsäure), die korrosionsschützend wirkt. Da die Chromate einiger Metalle farbig sind, erreicht man gleichzeitig eine Färbung. Das Chromatieren wird meist durch Tauchen, Spritzen oder Streichen vorgenommen. Die Chromatschichten sind bis zu Temperaturen von ca. 800 °C beständig.

Anodisieren (Anodisches Oxidieren): Beim Anodisieren bringt man ein Werkstück aus Aluminium oder einer Aluminium-Legierung als Anode und eine Blei-Platte als Kathode in ein Bad mit verdünnter Schwefelsäure als Elektrolyten. Fließt eine Zeit lang Gleichstrom durch das Bad, entsteht an der Anode Sauerstoff, der sich mit dem Aluminium zu einer festhaftenden Oxidschicht (Al_2O_3), der sogenannten ELOXAL-Schicht verbindet.

ELOXAL: **E**lektrolytisch **o**xidiertes **Al**uminium

Die Eloxal-Schicht wächst mehr als zwei Drittel nach innen, so daß die Werkstücke nur geringfügig größer werden. Die Eloxal-Schicht ist hart aber spröde. Sie ist gegen chemische Einflüsse sehr widerstandsfähig und leitet den elektrischen Strom nicht. In die Oberfläche können leicht Farbstoffe eingelagert werden.

Die Eigenschaft bzw. die Fähigkeit des Aluminiums eine selbstbildende korrosionsschützende Oxidschicht zu bilden, wird als Passivierung (Selbstschutz) bezeichnet.

Anodisieren kann nur bei Al und Al-Legierungen angewandt werden.

Vergleich zwischen Eloxal-Schichten und galvanischen Überzügen.

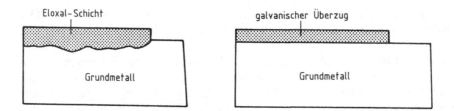

Emaillieren: Die Emailmasse besteht aus Glaspulver (Quarzsand, Feldspat und Tonerde) und Farbstoffen. Sie wird durch Tauchen und Spritzen auf die Werkstückoberfläche aufgebracht und im Emaillierofen bei 600 bis 1000°C gebrannt. Der entstehende Glasfluß ist sehr hart, hitzebeständig und chemisch widerstandsfähig, jedoch spröde.

Emailliert werden in der chemischen Industrie Apparate, Armaturen und Rohrleitungen aus Stahl oder Gußeisen.

Metallische Überzüge

Für Korrosionsschutzmaßnahmen durch Metallüberzüge ist das elektrochemische Verhalten des Schutzmetalls zum Grundmetall wichtig.

Wird bei einem Zink-Überzug auf Stahl der Überzug verletzt, und tritt Feuchtigkeit (Elektrolyt) hinzu, wird das Zink dem Grundmetall gegenüber elektrochemisch negativ. Der Zink-Überzug wird zerstört, während die Zerstörung des Grundmaterials verzögert wird.

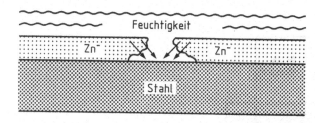

Das Überzugsmetall Zn wird zerstört

Bei einem Nickel-Überzug auf Stahl ist Nickel elektrochemisch edler (kathodischer) als das Grundmetall, also positiv. Bei Verletzung des Überzugs wird daher das Grundmetall angegriffen. Die Korrosion schreitet unter dem Überzugsmetall fort, wo der entstandene Rost durch sein größeres Volumen den Nickel-Überzug absprengt (Unterrosten). An einer verletzten Stelle ist also das Grundmetall noch mehr der Zerstörung ausgesetzt, als wenn es ohne metallischen Oberflächenschutz wäre.

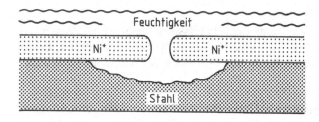

Das Grundmetall wird zerstört.

Die wichtigsten metallischen Überzugsverfahren sind:

- Galvanisieren
- Schmelztauchen
- thermisches Spritzen
- Diffundieren
- Plattieren

Galvanisieren: Beim Galvanisieren werden Werkstücke aus Metall durch Elektrolyse mit einem Metallüberzug versehen. Beim Verkupfern z. B. werden die Werkstücke in eine Kupfersulfat-Lösung getaucht und an die Kathode (Minuspol) einer Gleichstromquelle angeschlossen. Die Anode (Pluspol) wird mit einer Kupfer-Platte verbunden. Durch Einwirkung des elektrischen Stromes wandern die Cu-Ionen zur Kathode und bilden dort einen Überzug. Das SO_4^{2-}-Ion wandert gleichzeitig gegen den Strom und sorgt für das Lösen weiterer Cu-Atome aus der Cu-Platte.

Auf entsprechende Art kann man auf Metallteile Überzüge, wie z. B. Nickel, Chrom, Cadmium, Zink, Silber und Gold auftragen. Als Anode verwendet man immer eine Platte des Schutzmetalls und als Elektrolyt die wäßrige Lösung eines Salzes dieses Metalls.

Galvanisches Verkupfern:

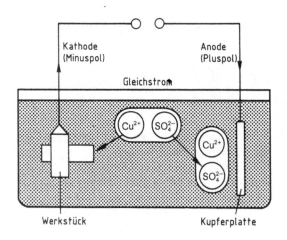

Schmelztauchen: Die Werkstücke taucht man in flüssiges Metall (z. B. Zinn oder Zink), das sich als dünne Schicht auf der Oberfläche des Werkstücks festsetzt. Beim Feuerverzinken wird das Metallbad durch eine Wärmequelle (früher ausschließlich Feuer) erwärmt.

Thermisches Spritzen (Metallspritzen): Unter thermischem Spritzen versteht man das Beschichten durch Aufspritzen von flüssigem Metall.

Diffundieren (z. B. Chromieren): Dieses Verfahren beruht auf dem durch die Wärmebewegung der Moleküle hervorgerufenen gegenseitigen ineinander Eindringen zweier sich berührender Stoffe. Beim Chromieren z. B. wird die Oberflächenschicht von Werkstücken aus Stahl auf diese Weise mit Chrom angereichert. Man erhitzt das Werkstück in einer geschlossenen Kammer, in der Chrom-Salze (meist Chloride) bei etwa 1000 °C verdampft werden. Hierbei dringt Chrom in die Oberfläche des Werkstückes ein und bildet an der Oberfläche eine Chrom-Legierung mit den bekannten korrosionsbeständigen Eigenschaften. Chromieren kann man Stähle mit niedrigem C-Gehalt und Titanlegierte Stähle. Vorteil des Chromierens ist die Entstehung einer Diffusionszone zwischen Grundwerkstoff und Schutzzone. Ein Abblättern der chromierten Zone tritt deshalb nicht auf. Durch die benötigten hohen Temperaturen ist das Diffundieren ein energieintensives Verfahren.

Plattieren: Unter Plattieren versteht man das Aufwalzen von Metallschichten auf einen Grundwerkstoff. Plattiert wird z.B. mit Nickel, Chrom sowie mit Edelmetallen.

Gebräuchliche Überzugsmetalle für Eisen und Stahl und ihre Wirkung:

Überzugsmetall Zink: Zink ist gegenüber Stahl und Eisen elektrochemisch negativ. Es wird durch Schmelztauchen (Feuerverzinken), Spritzen oder auf galvanischem Wege aufgetragen. Gegen Säuren ist Zink wenig beständig. Zink ist ein gebräuchliches Überzugsmetall, um Korrosion durch Witterungseinflüsse zu vermeiden.

Überzugsmetall Nickel: Nickel ist gegenüber Stahl und Eisen elektrochemisch positiv. Der Auftrag erfolgt galvanisch, wobei meist zuerst verkupfert wird.

Überzugsmetall Chrom: Chrom liegt in der Spannungsreihe unterhalb des Eisens, schlägt jedoch nach kurzer Zeit um und wird sehr stark positiv. Das Auftragen erfolgt galvanisch. Auch bei der Verchromung führen Poren oder mechanische Verletzungen zu verstärkter Korrosion des Grundmetalls.

Überzugsmetall Cadmium: Das Metall Cadmium liegt in der Spannungsreihe nur wenig oberhalb des Eisens. Das Auftragen erfolgt galvanisch. Cadmium ist gegen chemische Einflüsse beständiger als Zink. Es wird auch zur Herstellung von Zwischenschichten vor dem Verchromen verwendet.

Überzugsmetall Zinn: Zinn ist gegenüber Stahl und Eisen elektrochemisch positiv. Neben dem Spritzverfahren wird hauptsächlich das Schmelztauchverfahren angewandt. Zinn ist ungiftig, deshalb findet es als Überzugsmetall für Lebensmittelverpackungen (Konserven) und Eßgeräte ausgedehnte Verwendung.

Weißblech ist verzinntes Stahlblech.

Überzugsmetall Kupfer: Kupfer ist gegenüber Stahl elektrochemisch positiv. Es wird galvanisch oder durch Plattieren aufgetragen und vor allem für galvanische Zwischenschichten verwendet.

Korrosionsschutz durch Schutzgasatmosphäre

Korrosionsschutzgas-Papiere werden als Verpackungsmaterial für den Versand, für die Lagerung und die Zwischenlagerung während der Fabrikation von metallischen Werkstücken verwendet. Die Papiere sind mit chemischen Stoffen imprägniert, die laufend Gase absondern; diese bilden eine Schutzgashülle um das verpackte Material. Die Wirksamkeit dieser Papiere hält längere Zeit an. Sie eignen sich vor allem zum Schutz von Stahl und Gußeisen, jedoch auch für Nichteisen-Metalle wie Aluminium und Kupfer.

In Korrosionsschutzfolie verpacktes Kugellager

Katodischer Korrosionsschutz

Beim galvanischen Element wird das unedlere Element aufgelöst.

Der katodische Korrosionsschutz nützt die Vorgänge der elektrochemischen Korrosion zum Korrosionsschutz aus.

Man verbindet die zu schützenden Metalle mit einem unedlen Metall, meist Magnesium oder Zink. Dieses unedle Metall dient als sogenannte „OPFER-ANODE". Beim Verbinden wird das unedle Metall zum Minuspol, also zur Kathode, und löst sich auf.

Dieses Verfahren findet Anwendung u. a. an Schiffskörpern, Rohrleitungen und Öltanks. Die im Boden liegenden Tanks werden dabei mit Magnesium-Platten elektrisch leitend verbunden.

Prinzip des katodischen Korrosionsschutzes:

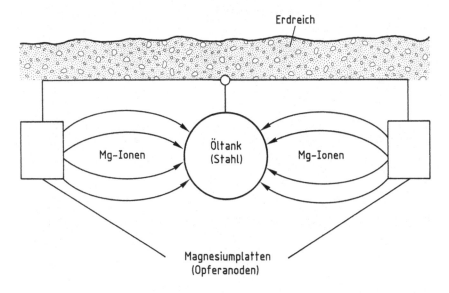

Korrosionsschutzgünstige Konstruktion

Die für den Anlagenbau und Konstruktion zuständigen technischen Abteilungen haben einen wesentlichen Einfluß auf den Korrosionsschutz. Der Konstrukteur kann die Korrosionssicherheit durch eine **korrosionsschutzgerechte Konstruktion,** durch Verwendung **korrosionsbeständiger Werkstoffe** und durch **korrosionsschutzgünstige Fertigung** erhöhen.

So muß z. B. aus Hohlräumen sich eventuell bildendes Kondensat ablaufen können, oder es muß dafür gesorgt werden, daß bei Entleerung keine Flüssigkeitsreste in einem Behälter zurückbleiben. Auch wäre es beispielsweise unsinnig, einen korrosionsbeständigen Werkstoff zu verwenden, ihn aber gleichzeitig mit einem korrodierenden Schweißzusatzstoff zu verschweißen.

Übungen 9

1. Auf welche Arten kann man die Oberfläche von Werkstoffen vor Korrosion schützen?

   Ergänzen Sie das Schaubild.

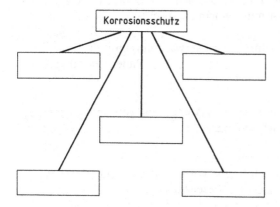

2. Meßgeräte, Gleitflächen usw. müssen für ihren Verwendungszweck blank bleiben.

   Daher werden sie durch _____ und _____ gegen Korrosion geschützt.

3. Als Anstrichstoffe verwendet man u. a. _____ ,
   _____ und _____ .

   Die Anstriche können je nach Verwendungszweck und erforderlicher Güte aus einer oder mehreren Schichten bestehen. Man unterscheidet _____ - und _____ anstrich, die jeweils mehrschichtig sein können.

   Bleioxid Pb_3O_4, das in Leinöl verrührt ist, wird als _____ bezeichnet. Dieses bildet bei der Verwendung von Ölfarben als Grundüberzug den eigentlichen Rostschutz.

4. Kunststoffüberzüge wirken korrosionsschützend und _____
_____ . Im Vergleich zu den Anstrichen werden in einem Arbeitsgang
_____ erreicht.
Die Auswahl der zu verwendenden Kunststoffe hängt von den _____ -
und _____ ab.

5. Anorganische Überzüge zeichnen sich neben ihrer korrosionsschützenden Wirkung durch ihre _____ Herstellung und durch gute _____
Isolierung aus.

Beim Phosphatieren wird auf den Stahlteilen eine Schutzschicht aus _____
_____ erzeugt.

Die Werkstücke werden vor der Behandlung _____ und
_____ . Die Eisenphosphatschicht vermindert die Gefahr des
„_____"(Rosten unter einem Anstrich).

6. Beim Chromatieren (nicht mit verchromen zu verwechseln) entsteht durch Eintauchen des Werkstücks in _____ Bäder, ein korrosionsbeständiger Überzug, die Chromatschicht.

7. Beim anodischen Oxidieren (Anodisieren) von Aluminium, entsteht an der Oberfläche eine festhaftende Oxidschicht aus _____ , die
sogenannte _____ schicht.
_____ = **Elektrolytisch oxidiertes Aluminium**
Die Fähigkeit bestimmter Metalle selbst eine korrosionsschützende Oxidschicht
zu bilden wird als _____ bezeichnet.

8. Für Korrosionsschutzmaßnahmen durch Metallüberzüge ist das _____
_____ Verhalten des Schutzmetalls zum Grundmetall zu berücksichtigen.
Gegeben ist folgender Ausschnitt aus der Elektrochemischen Spannungsreihe.
Ergänzen sie die Textlücken.

Mg   −2,40 V
Al   1,69
Zn   0,76
Cr   0,51
Fe   0,44
Ni   0,25   Wird bei einem Zinküberzug auf Stahl der Überzug
Sn   0,16   verletzt, wird das Grundmetall in Gegenwart eines
Pb   0,13   Elektrolyten gegenüber dem Zink elektrochemisch

Wasserstoff ∓0,00 V   Zerstört wird also der (das) _____ .

Cu   +0,35   Bei einem Nickelüberzug auf Stahl ist Nickel elek-
Ag   0,81   trochemisch _____ . Durch Verletzung des Über-
Au   1,38   zugs und in Gegenwart eines Elektrolyten wird
Pb   1,60   daher das (der) _____ angegriffen.

9. Die wichtigsten metallischen **Überzugsverfahren** sind:

— _____

— _____

— _____

— _____

— _____

Beim Galvanisieren werden Werkstücke aus Metall durch _____ mit einem Metallüberzug versehen. Die Elektroden, Anode (_____ pol) und Kathode (_____ pol) werden an eine _____ stromquelle angeschlossen.

Durch Einwirkung des elektrischen Stromes wandern die Cu-Ionen zur _____ und bilden dort einen Überzug.

10. Beim _____ taucht man die vor der Korrosion zu schützenden Werkstücke in flüssiges Metall, so daß sich ein dünne Schutzschicht auf der Oberfläche des Werkstückes festsetzt.

Beim _____ wird die Oberflächenschicht von Werkstücken aus Stahl mit Chrom angereichert. Dieses durch Wärmebewegung der Moleküle verursachte Eindringen zweier sich berührender Stoffe wird als _____ _____ .

Unter _____ versteht man das Aufwalzen von Metallschichten auf einen Grundwerkstoff.

Weißblech ist _____ Stahlblech.

Das Überzugsmetall Kupfer ist gegenüber Stahl elektrochemisch _____ . Es wird _____ oder durch _____ aufgetragen und das es zur Passivierung neigt vor allem zu galvanischen Zwischenschichten verwendet.

11. Werkstücke aus Stahl und Gußeisen werden zum Schutz vor Korrosion in ein Papier gehüllt, das mit einer speziellen chemischen Imprägnierung versehen ist. Dieses Papier sondert laufend Gase ab, so daß um das Werkstück herum eine _____ entsteht.

12. Der _____ nützt die Vorgänge der elektrochemischen Korrosion zum Korrosionsschutz aus.

    Das zu schützende Metall wird mit einem unedleren Metall, z.B. Magnesium oder Zink, elektrisch leitend verbunden.

    Das unedle Metall dient als „_____“, da das unedle zum Minuspol (Kathode) wird und sich auflöst. Das unedlere Metall wird also zum Schutz des „Trägerwerkstoffes“ bewußt der Korrosion geopfert.

    Beim galvanischen Element wird das _____ Element aufgelöst.

13. Zur Vorbeugung von durch Korrosion verursachten Schäden sind die planungsverantwortlichen Abteilungen bestrebt, korrosionsgünstige Konstruktionen zu erstellen. Die Planung hat einen wesentlichen Einfluß auf den Korrosionsschutz. Der Konstrukteur kann die Korrosionssicherheit durch eine _____ _____ Konstruktion, durch Verwendung _____ _____ und durch _____ Fertigung erhöhen.

Werkstoffprüfung

Um Hinweise für die Verwendbarkeit bestimmter Werkstoffe zu erhalten, muß dem Einsatz und der Verwendung der Werkstoffe eine umfangreiche Werkstoffprüfung vorausgehen.

Die Werkstoffprüfung hat hauptsächlich drei Aufgaben:

- **Bestimmung physikalischer und chemikalischer Eigenschaften**, wie z.B. Festigkeit, Härte und Korrosionsbeständigkeit.
- **Überprüfung fertiger Werkstücke.** Dadurch soll verhindert werden, daß fehlerhafte Werkstücke, die z.B. Risse enthalten, zum Einsatz kommen. Dadurch werden Unfälle und Kosten durch Materialfehler vermieden.
- **Schadenursachenermittlung,** z.B. beim Bruch eines Werkstückes im Betrieb. Diese Werkstoffprüfung soll helfen das Werkstück materialgerecht zu gestalten, damit sich weitere Schäden verhindern lassen.

Bevor man aber die einzelnen Werkstoffprüfverfahren anwendet, muß man wissen, welchen Beanspruchungsarten die Werkstoffe/Werkstücke im Betrieb unterliegen.

Man unterscheidet folgende Beanspruchungsarten:

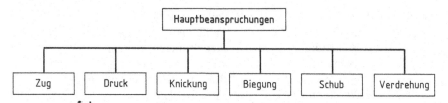

Die Abbildung zeigt an Beispielen die Hauptbeanspruchungen von Werkstücken.

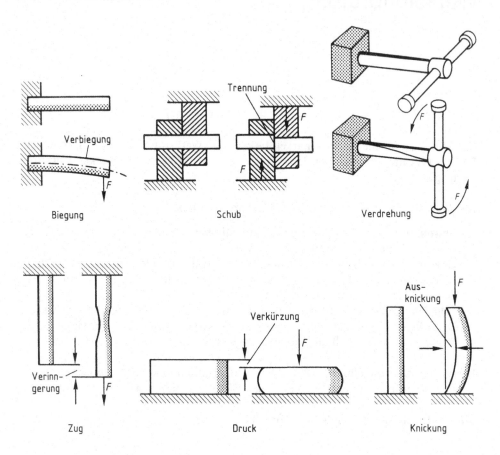

Biegung   Schub   Verdrehung

Zug   Druck   Knickung

Beansprucht durch Zug   sind z. B. Seile, Riemen
                       Druck   Fundamente, Lager
                       Knickung   Pleuelstangen, Säulen
                       Biegung   Wellen, Achsen
                       Schub   Bolzen, Stifte, Schrauben
                       Verdrehung   Kurbelwellen

Bei der Werkstoffprüfung unterscheidet man zwischen den Werkstoffprüfungen, die keine genauen Meßwerte liefern und den mechanischen Prüfungen mit Genauwerten.

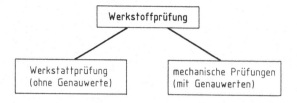

Werkstattprüfungen

Durch die Werkstattprüfungen (ohne Genauwerte) erhält man kein genaues in Zahlen erfaßbares Ergebnis, sondern nur Hinweise bzw. Erkenntnisse auf bestimmte Eigenschaften der Werkstoffe.

Zu diesen Prüfverfahren zählen u. a.:

— Beurteilung des Aussehens des Werkstoffes
— Beurteilung des Werkstoffes durch Funkenprobe
— Beurteilung des Werkstoffes durch Klangprobe
— Beurteilung des Werkstoffes durch Bruchprobe

Mechanische Prüfungen

Der Werkstoff eines Werkstückes kann verschiedenen Belastungsarten unterworfen werden. Gegen jede Belastungsart besitzen die Werkstoffe eine Festigkeit, z. B. Zugfestigkeit, Druckfestigkeit usw., die durch eine Werkstoffprüfung bestimmt werden kann.

Durch das Eindrücken eines Prüfkörpers in den Werkstoff prüft man die Härte.

Werden die auf den Werkstoff einwirkenden Kräfte bei den mechanischen Prüfungen langsam erhöht oder konstant gehalten, so spricht man von **statischen Prüfungen.**

Zur Prüfung der Verwendbarkeit eines Werkstoffes für einen bestimmten Verwendungszweck, werden **technologische Prüfverfahren** angewendet.

Statische Prüfungen

Zugfestigkeit — Dehnung — Zugversuch nach DIN EN10002 Teil 1

Zugfestigkeit (Kennwert bzw. Stoffkonstante eines Werkstoffs): Wird ein Prüfstab unter definierten Bedingungen (Zugversuch) durch eine Kraft K belastet, so setzen seine Moleküle durch ihre Kohäsionskraft einen Widerstand entgegen. Sind z. B. die Zugkraft $F = 40.000$ N und der Querschnitt $S = 100$ mm^2, so beträgt die innere Spannung

$$\text{Spannung} = \frac{\text{Kraft}}{\text{Querschnittsfläche}} = \frac{40.000 \text{ N}}{100 \text{ mm}^2} = \mathbf{400 \text{ N/mm}^2}$$

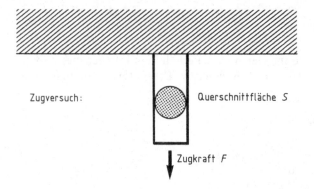

Zugversuch: Querschnittfläche *S*

Zugkraft *F*

Wird die Belastung zu groß, so zerreißt das Werkstück. Die erreichbare größte Spannung nennt man die **Zugfestigkeit** des Werkstoffes.

Beispiel: Zugfestigkeit 370 N/mm^2 heißt, daß die erreichbare größte Spannung 370 N je mm^2 Querschnittsfläche beträgt.

Der Zugversuch dient zur Bestimmung der Kennwerte eines Werkstoffes bei Zugbeanspruchung. Dazu wird ein genormter Probestab in eine Prüfmaschine eingespannt und stetig gestreckt. Die dazu benötigte Kraft wird gemessen und registriert.
  Mit steigender Belastung wächst die Spannung, dabei tritt gleichzeitig eine geringe Dehnung auf. Wird diese Belastung unterbrochen, so geht der Prüfstab wieder in seine Ausgangslänge zurück.
  Der Werkstoff ist elastisch bis zu der sogenannten Elastizitätsgrenze (Punkt E). Wird diese Grenze überschritten, so tritt eine Streckung des Werkstoffes ein, die auch nach Aufheben der Belastung bestehen bleibt.
  Steigt die Belastung weiter an, so dehnt sich der Stab sehr stark und schnürt sich an der schwächsten Stelle ein — bis zur Zerreißgrenze. Hier erfolgt der Bruch des Werkstoffes.

Punkt E: Elastizitätsgrenze
Punkt E-Str.: bei zähen Werkstoffen dehnt sich der Werkstoff ohne wesentliches
              Ansteigen der Spannung, man spricht von einem „Fließen"! Es ist
              der Belastungspunkt, bei der die bleibende Dehnung 0,2% der Meß-
              länge beträgt.
Punkt B: Bruchgrenze
Punkt Z: Zerreißgrenze

Diese höchste Belastung ist die Zug- oder Bruchfestigkeit

$$\text{Spannung} = \frac{E}{A} = \frac{N}{mm^2}$$

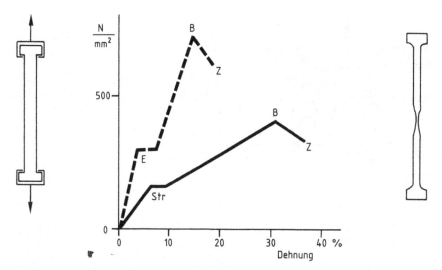

Die abgebildete Grafik zeigt ein Spannungs-Dehnungs-Diagramm als Ergebnis einer Werkstoffprüfung (Zugversuch).

Die angegebenen Zugfestigkeiten sind Mindestzugfestigkeiten

z. B. St 37 = 370 $\dfrac{N}{mm^2}$

Bei Maschinen, Bauteilen und Rohrleitungen wird noch mit einer Sicherheitszahl gerechnet.

$$\text{Zuverlässige Spannung} = \frac{\text{Streckgrenze}}{\text{Sicherheitszahl}}$$

Die Sicherheitszahl liegt zwischen 1,5 und 1,8.

Druckfestigkeit – Druckversuch

Die Druckfestigkeit beträgt in der Regel ein Vielfaches der Zugfestigkeit. Beim Druckversuch wird das Werkstück einer langsamen und stetig zunehmenden Druckbelastung unterworfen.

Spröde Werkstoffe, wie z. B. Gußeisen, brechen unter Druck durch Bildung von Rutschkegeln, während zähe Werkstoffe, z. B. aus Stahl, durch Ausbauchung und Rißbildung zerstört werden.

Die gemessene Kraft (in N), bei der sich der erste Riß im Werkstoff zeigt, wird durch die Querschnittsfläche (in mm²) des Prüfstückes dividiert.

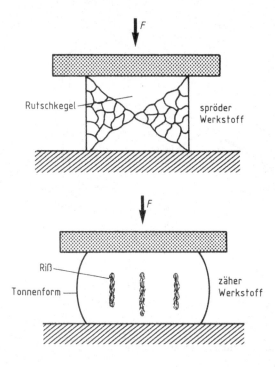

Die Grafik zeigt, durch welche Erscheinungsformen sich spröde (z. B. Gußeisen) und zähe Werkstoffe (z. B. Stahl) unterscheiden.

Biegung und Knickfestigkeit – Biegeversuch

Träger und Stützen in Betriebsgebäuden, für Maschinen und Apparate dürfen **nicht** unbegrenzt belastet werden. Senkrechte Stützen können knicken und waagerechte Träger können durchliegen (s. Abbildung).

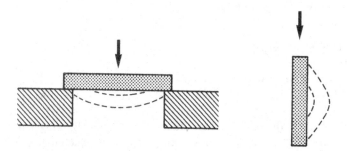

Der Biegeversuch wird meistens so durchgeführt (s. Abbildung), daß das Prüfstück auf zwei Auflagen gelegt und mittig mit einer Biegekraft **F** belastet wird. Die Biegekraft wird so lange gesteigert bis der Biegestab bricht. Im Biegeversuch wird auch für jeden Werkstoff die durch die Belastungskraft auftretende Durchbiegung bis zur Rißbildung gemessen.

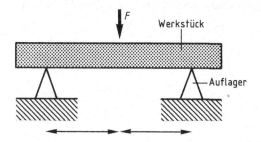

Torsionsfestigkeit – Torsionsversuch (Verdrehungsversuch)

Unter Torsion versteht man das Verdrehen eines Werkstoffes in sich selbst. Bei Rührern und Wellen, die eine umlaufende Bewegung durchführen, wird der Werkstoff auf Verdrehung beansprucht. Das Material muß also eine hohe Torsionsfestigkeit aufweisen.

Beim Torsionsversuch (s. Abbildung) wird ein runder Probestab an einer Seite fest eingespannt und an der anderen Seite verdreht. Es werden die zur Verdrehung (Torsion) erforderlichen Drehmomente gemessen.

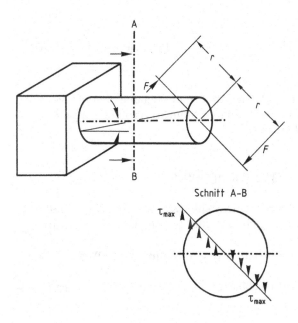

Scherfestigkeit — Scherversuch

Das Prüfstück wird zwischen zwei Einspannbacken geschoben und von der Scherbacke an den Punkten S 1 und S 2 abgeschert (Abbildung).

Eine Durchbiegung wird durch das Einspannen des Prüfstückes zwischen die Einspannbacken vermieden.

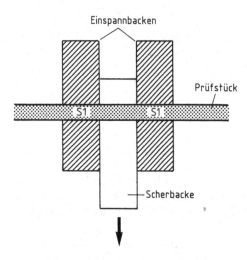

Härteprüfung

Härte ist der Widerstand, den ein Werkstoff dem Eindringen eines Prüfkörpers entgegensetzt.

Es gibt verschiedene Methoden diesen Widerstand zu messen und dadurch die Härte eines Werkstoffes zu bestimmen. In der Technik gebräuchlich sind die Härteprüfungen nach *Brinell, Vickers* und *Rockwell.*

Härteprüfung nach Brinell, DIN EN 10003-1

Bei der Härteprüfung nach *Brinell* wird eine Stahlkugel bzw. eine Hartmetallkugel in die Oberfläche des Prüfstückes eingedrückt und der Durchmesser des Kugeleindruckes in der Oberfläche gemessen.

Mit der *Brinell*-Härteprüfung können nur weiche und mittelharte Werkstücke geprüft werden.

Einsatzbereich der Stahlkugel: bis Brinellhärte 350, Einsatzbereich der Hartmetallkugel: bis Brinellhärte 650.

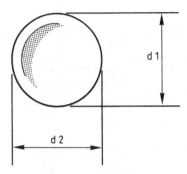

Härteprüfung nach Vickers

Hierbei wird die Spitze einer vierseitigen Pyramide aus Diamant in die Oberfläche des Werkstückes eingedrückt und die Diagonalen des entstandenen Eindruckes gemessen.

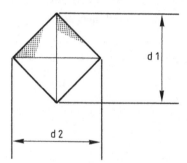

Bei den Prüfmethoden nach *Vickers* und *Brinell* werden optische Meßgeräte zur Auswertung der Härteprüfung benötigt.

Härteprüfung nach Rockwell

Bei der Härteprüfung nach *Rockwell* wird ein kugel- oder kegelförmiger Prüfkörper in die Randschicht des zu prüfenden Werkstückes gedrückt und die bleibende Eindringtiefe gemessen.

Vergleich der Härteprüfverfahren:

Verfahren	Prüfkörper	Vor- und Nachteile	Anwendung
Brinell HB	Stahlkugel	Genaue, reproduzierbare Werte / Nur für weiche und mittelharte Werkstoffe	Geglühter und vergüteter Stahl / Leichtmetalle, Schwermetalle
Vickers HV	Diamantpyramide	Zur Messung dünner Schichten und einzelner Gefügebestandteile / Für mittelharte und harte Werkstoffe	Gehärtete Oberflächen / Gefügebestandteile von Stählen
HRC	Diamantkegel	Direkte Anzeige des Härtewertes / Nur für mittelharte und harte Werkstoffe	Gehärteter Stahl
Rockwell HRB	Stahlkugel	Direkte Anzeige des Härtewertes / Nur für weiche Werkstoffe	Sinterwerkstoffe / Leichtmetalle

Dynamische Prüfungen

Zähigkeit – Kerbschlagbiegeversuch nach DIN 50 115

Mit dem Kerbschlagbiegeversuch wird die Zähigkeit des Werkstoffes geprüft.

Ein gekerbtes Prüfstück liegt mit beiden Enden an zwei Widerlagern eines Pendelschlag-Meßgerätes. Nach dem Ausklinken des Pendelhammers fällt dieser auf das Prüfstück herunter, das er entweder durchschlägt oder durch die Widerlager zieht. **Der Pendelhammer wird dabei in seiner Bewegung um so mehr abgebremst, je zäher der Werkstoff des Prüfstückes ist.**

Die verrichtete Schlagarbeit kann an einem Anzeigegerät (s. Abbildung) abgelesen werden.

Pendelschlagwerk

Skala mit Schleppzeiger

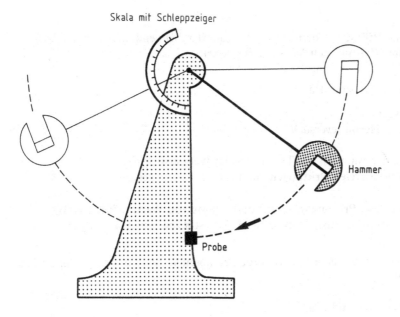

Hammer

Probe

Dynamische Härteprüfung

Bei diesen Prüfmethoden wird die Prüfkraft sehr schnell (dynamisch) auf die Probe aufgebracht. Die Meßgeräte sind einfacher als bei der statischen Härteprüfung. Sie sind so klein und handlich, daß sie auch auf große fertige Werkstücke im Betrieb aufgesetzt werden können.

Die dynamische Härteprüfung ergibt ungefähre Vergleichswerte.

Zu den dynamischen Werkstoffprüfungen zählt auch der Dauerschwingversuch.

Im Dauerschwingversuch wird das Werkstoffverhalten bei langandauernder, wechselnder Belastung geprüft.

Diesen Prüfungen werden Maschinenteile unterworfen, die dauernd einer wechselnden Belastung ausgesetzt sind (z. B. Schrauben, Achsen). Diese können nach längerem Gebrauch Ermüdungserscheinungen, z. B. einen Dauerbruch erleiden.

Maschinenteile, die dauernd wechselnder Belastung ausgesetzt sind, dürfen nur unterhalb ihrer Dauerfestigkeit belastet werden.

Technologische Prüfungen

Technologische Prüfungen dienen zur Prüfung der Verwendbarkeit eines Werkstoffes für einen bestimmten Verwendungszweck.

Prüfungen dieser Art sind u. a.:

– der Faltversuch
– der Hin- und Herbiegeversuch

Neben den bereits erwähnten und beschriebenen Werkstoffprüfverfahren seien noch kurz die **zerstörungsfreien Prüfungen** zur Fehlerkontrolle genannt.

Die zerstörungsfreie Prüfung dient zur Feststellung von Werkstoffehlern (Blasen, Schlackeneinschlüssen, Rissen) in fertigen Werkstücken und Halbzeugen.

Man braucht dazu weder eine Materialprobe zu nehmen, noch das zu prüfende Teil zu beschädigen.

Prüfungen dieser Art sind u. a.:

– Prüfung mit Ultraschall
– Prüfung mit Röntgen- oder Gammastrahlen
– Induktive Prüfungen

Übungen 10

1. Welche **drei** Hauptaufgaben hat die Werkstoffprüfung?

   a) Bestimmung physikalischer und chemischer Eigenschaften
   b) Überprüfung fertiger Werkstücke
   c) Wertesammlung für Tabellenwerte
   d) Schadensursachenermittlung
   e) Ermittlung neuer Werkstoffe
   f) Hilfsmittel für Reparaturkostenrechnung
   g) Lernziel für technische Ausbildungsberufe

2. Benennen Sie die abgebildeten Beanspruchungsarten!

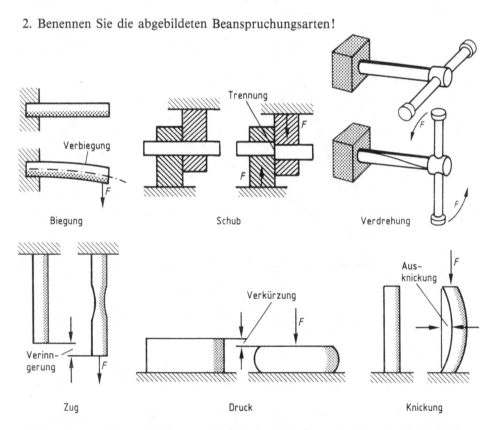

3. Bei der Werkstoffprüfung unterscheidet man zwischen den _____
_____ (_____), die keine genauen Meßwerte liefern
und den _____ Prüfungen mit Genauwerten.

4. Werden die Kräfte bei den mechanischen Prüfungen langsam aufgegeben oder
konstant gehalten, so spricht man von _____ Prüfungen.

Bei sehr schneller oder schlagartiger Beanspruchung heißen die Verfahren
_____ Prüfungen.

Zur Prüfung der Verwendbarkeit eines Werkstoffes für einen bestimmten Verwendungszweck, werden _____ Prüfverfahren angewendet.

5. Die Abbildung zeigt den graphischen Verlauf einer Zug- oder Bruchfestigkeitsbe-
stimmung

Punkt E: _____
Punkt B: _____
Punkt Z: _____

6. Das Verdrehen eines Werkstoffes in sich selbst bezeichnet man als _____
_____ .

Dieser Beanspruchung unterliegen u. a. Rührer und Wellen, die eine umlaufende
Bewegung durchführen. Der Werkstoff zur Herstellung von Wellen beispielsweise muß also eine hohe _____ aufweisen.

7. Unter _____ bezeichnet man den Widerstand, den ein Werkstoff dem Eindringen eines Prüfkörpers entgegensetzt.

Bei der Härteprüfung nach _____ wird eine gehärtete Stahlkugel in die Oberfläche des Prüfstücks eingedrückt und der Durchmesser des Kugeleindruckes in der Oberfläche gemessen.

Bei der Härteprüfung nach _____ wird die Spitze einer vierseitigen Pyramide in die Oberfläche des Werkstückes eingedrückt und die Diagonalen des entstandenen Eindruckes gemessen.

8. Mit dem Kerbschlagversuch, der zu den _____ Werkstoffprüfungen zählt, wird die _____ geprüft.

Als Meßgerät dient ein Pendelschlagwerk mit einem Anzeigegerät. Der Pendelhammer wird in seiner Bewegung um so mehr abgebremst, je _____ der Werkstoff des Prüfstückes ist.

9. Der Dauerschwingversuch fällt unter die _____ Werkstoffprüfungen.

Hierbei wird das Werkstoffverhalten bei langandauernder, _____ Belastung geprüft.

Maschinenteile, die dauernd wechselnder Belastung ausgesetzt sind, dürfen nur _____ ihrer Dauerfestigkeit belastet werden.

10. _____ Prüfungen dienen zur Prüfung der Verwendbarkeit eines Werkstoffes für einen bestimmten Verwendungszweck.

11. Welche Aufgabe hat die zerstörungsfreie Werkstoffprüfung?

_____

_____

_____

_____

Schlußtest Werkstoffkunde

Es trifft immer **nur eine** der vorgegebenen Antworten zu.

1. Welche Eigenschaft besitzt Gußeisen **nicht**?
   a) gute Dehnbarkeit
   b) gute Gießbarkeit
   c) gute Bearbeitbarkeit
   d) hohe Druckfestigkeit

2. Was gibt die Zahl 37 in der Stahlkennzeichnung St 37 an?
   a) die Druckfestigkeit
   b) die Zugfestigkeit
   c) die Dehnbarkeit
   d) die chemische Zusammensetzung

3. Ein Stahl ist durch einen metallischen Überzug gegen Korrosion geschützt. Welcher metallische Überzug schützt bei Verletzung des Überzuges am besten vor dem Unterrosten?
   a) Kupfer
   b) Chrom
   c) Zink
   d) Zinn

4. Welche Möglichkeit des Korrosionsschutzes gibt es für Stahl **nicht**?
   a) Emaillieren
   b) Anodisches Oxidieren (Eloxieren)
   c) Galvanisieren
   d) Plattieren

5. Wodurch zeichnen sich Chrom-Nickel-legierte Stähle aus?
   a) gute elektrische Leitfähigkeit
   b) gute Gleiteigenschaften
   c) gute Korrosionsbeständigkeit
   d) gute Härtbarkeit

6. Welcher Kurzname kennzeichnet einen hochlegierten Stahl?
   a) C 90 W 2
   b) 32 CrMo 12
   c) GG 30
   d) X 100 CrWMo 4 3

7. Bei welcher Flüssigkeit ist Gummi als Dichtungsmaterial **nicht geeignet**?
   a) Toluol
   b) verdünnte Natronlauge
   c) verdünnte Salzsäure
   d) konzentrierte Natriumchlorid-Lösung

8. Welche besonderen Eigenschaften haben Duroplaste?
   a) Sie sind durch Wärme beliebig oft verformbar.
   b) Sie sind nach der ersten Formung nicht mehr formbar.
   c) Sie sind spanend nicht zu bearbeiten.
   d) Sie sind in Lösemitteln leicht aufzulösen.

9. Warum werden einige Kunststoffe häufig mit Glasfasern, Textilfasern oder Papier verarbeitet?
   a) Um die Festigkeit zu erhöhen
   b) Um die Wärmeleitfähigkeit zu verbessern
   c) Um eine geringere Dichte zu erreichen
   d) Um Kunststoff zu sparen

10. Für welchen Werkstoff sind folgende Eigenschaften zutreffend?
    1. stromleitend
    2. alkalienbeständig
    3. in der Wärme nicht verformbar

    a) Stahl
    b) PVC
    c) Porzellan
    d) Graphit
    e) Aluminium

11. Welche Aussage ist richtig?
    a) PVC-Teile können verschweißt werden.
    b) Messing ist eine Legierung aus Kupfer und Zinn.
    c) Polyesterharz ist ein Thermoplast.
    d) In Stahlbehältern wird verdünnte Schwefelsäure gelagert.

12. Welche Zuordnung ist **falsch**?
    a) Polystyrol / Duroplast
    b) Aluminium / Leichtmetall
    c) Quarzglas / durchlässig für UV-Strahlen
    d) Kupfer / gute Wärmeleiter

13. Welche Aussage über Aluminium ist **falsch**?
    a) Aluminium ist ein Leichtmetall.
    b) Aluminium ist gegen Alkalien beständig.
    c) Aluminium ist ein guter Wärmeleiter.
    d) Aluminium läßt sich mit konz. Salpetersäure passivieren.
    e) Aluminium wird durch Schmelzelektrolyse gewonnen.

14. Welche Aussage über Kupfer ist **falsch**?
    a) Kupfer ist ein guter Wärmeleiter.
    b) Kupfer ist ein Legierungsbestandteil von Bronze.
    c) Kupfer ist ein Schwermetall.
    d) Kupfer wird durch konz. Schwefelsäure unter Bildung von Wasserstoff gelöst.
    e) Kupfer wird durch Elektrolyse gereinigt.

15. Welcher Stoff enthält **kein** Silicium?
    a) Siliconkautschuk
    b) Korund
    c) Asbest
    d) Quarzglas
    e) Glasfaser

16. In welcher Art von Behältern wird trockenes flüssiges Chlor in der Regel aufbewahrt und transportiert?
    a) Stahlbehälter
    b) Glasbehälter
    c) Kupfer-Behälter
    d) Aluminium-Behälter

17. Welcher Werkstoff ist **nicht** gegen alkalische Lösungen beständig?
    a) Nickel
    b) verzinktes Stahlblech
    c) Kupfer
    d) Chromnickelstahl
    e) Gußeisen

18. Welcher Stoff ist als Elektrodenmaterial **un**geeignet?
    a) Kupfer
    b) Graphit
    c) Platin
    d) Magnesium
    e) Kohle

19. Welche mechanische Eigenschaft muß bei einem Werkstoff für eine Rührerwelle besonders ausgeprägt sein?
    a) Druckfestigkeit
    b) Scherfestigkeit
    c) Verdrehfestigkeit
    d) Knickfestigkeit

20. Welche mechanische Festigkeitsart ist für Werkstoffe von Rohrleitungen und Behältern bei innerer Überdruckbelastung besonders zu beachten?
    a) Zugfestigkeit
    b) Druckfestigkeit
    c) Erosionsfestigkeit
    d) Torsionsfestigkeit
    e) Biegefestigkeit

21. Welche Aussage über Grauguß ist **falsch**?
    a) Der Kohlenstoff-Gehalt beträgt 0,6 bis 1,7%.
    b) Der Kohlenstoff liegt überwiegend als ausgeschiedener Graphit vor.
    c) Der Kohlenstoff-Gehalt ist höher als im Stahl.
    d) Der Kohlenstoff-Gehalt beeinflußt stark die typischen Werkstoffeigenschaften.

22. Ein Stahlguß-Werkstoff besitzt zugegebene Zusätze bis zu 5% und die von der Herstellungsart bedingten stets vorhandenen Beimengungen, z.B. Si, Mn und P, in den üblichen Grenzen.
    Welche Aussage trifft zu?
    a) unlegiert
    b) niedriglegiert
    c) schwachlegiert
    d) hochlegiert

23. Wovon wird ein Korrosionsablauf am wenigsten beeinflußt?
    a) von der Temperatur des angreifenden Mediums
    b) vom Druck des angreifenden Mediums
    c) von der Konzentration des angreifenden Mediums
    d) von der Oberflächenbeschaffenheit des Werkstückes

24. Durch welchen physikalischen Vorgang wird die Alterung von Kunststoffen am wenigsten beschleunigt?
    a) durch Wärmeeinwirkung
    b) durch Kälteeinwirkung
    c) durch Lichtstrahlung
    d) durch Bewitterung

25. Wann kann Kontaktkorrosion eintreten?
    a) Wenn ein Metall mit einer Säure reagiert.
    b) Wenn ein Metall mit feuchtem Sauerstoff reagiert.
    c) Wenn durch eine metallische Rohrleitung feuchter, körniger Kunststoff geleitet wird.
    d) Wenn zwei verschiedene Metalle nicht gegeneinander elektrisch isoliert sind.

26. Warum kann Schwefelsäure durch eine verbleite Rohrleitung geleitet werden?
    a) Es bildet sich eine Passivierungsschicht aus Bleioxid.
    b) Es bildet sich eine Passivierungsschicht aus Bleisulfat.
    c) Blei reagiert nicht mit Schwefelsäure.
    d) Blei hat eine große Affinität zu Schwefelsäure.

27. Welche Eigenschaft hat ein Thermoplast?
    a) Er erwärmt sich bei Verformung.
    b) Er ist in der Wärme plastisch formbar.
    c) Er ist bei tiefen Temperaturen nur elastisch formbar.
    d) Er ist ein guter Wärmeleiter.

28. Welcher Kunststoff-Typ bleibt in allen Temperaturbereichen fest bis zur Zersetzung?
    a) Thermoplaste
    b) Elastomere
    c) Duroplaste
    d) Kautschuk

29. Welche Aussage über die elektrostatische Aufladung von Kunststoffen trifft **nicht** zu?
    a) Sie ist die Folge der guten Isolationseigenschaften von Kunststoffen.
    b) Sie entsteht durch mechanische Reibung und Ladungsverschiebung.
    c) Sie ist immer nur negativ.
    d) Es besteht die Gefahr von Explosionen bei Anwesenheit von zündfähigen Gemischen.

30. Wozu werden häufig in Kunststoffen Glasfasern eingearbeitet?
    a) Erniedrigung der Transparenz des Kunststoffs
    b) Verbesserung der mechanischen Eigenschaften
    c) Verbesserung der Korrosionsbeständigkeit
    d) Verringerung der Feuchtigkeitsaufnahme

31. Welches Element im Stahl wirkt sich auf seine Gebrauchseigenschaften besonders negativ aus?
    a) Kohlenstoff
    b) Silicium
    c) Schwefel
    d) Vanadium

32. Welche Aussage ist richtig?
    Je höher der Kohlenstoff-Gehalt des Stahls,
    a) desto günstiger ist seine Schmiedbarkeit.
    b) desto besser ist er schweißbar.
    c) desto schlagunempfindlicher ist er.
    d) desto größer ist seine Härte.

33. Was bedeutet die Bezeichnung St 37?
    a) Stahl mit 0,37% Kohlenstoff
    b) Stahl mit 370 N/mm^2 Mindestzugfestigkeit
    c) Stahl nach DIN 37
    d) Stahl mit maximal 3,7% Legierungsbestandteilen

34. Welche mechanische Eigenschaft muß bei einem Schrauben-Werkstoff besonders ausgeprägt sein?
    a) Druckfestigkeit
    b) Zugfestigkeit
    c) Biegefestigkeit
    d) Verdrehfestigkeit

35. Bei welchem Werkstoff handelt es sich um eine Legierung?
    a) Polyvinylchlorid
    b) Verbundwerkstoff
    c) Stahl
    d) glasfaserverstärkter Polyester

36. Was versteht man unter dem Begriff Lochkorrosion (Lochfraß)?
    a) Die Zerstörung eines Werkstoffes durch Mikroorganismen.
    b) Eine örtliche, in die Tiefe gehende Werkstoffabtragung, die zu Materialdurch-
       brüchen führt.
    c) Die Zerstörung eines Werkstoffes durch schmirgelnde Feststoffe.
    d) Eine Werkstoffzerstörung, die besonders an Bohrungen durch schwingende
       Belastung auftritt.

37. Welcher Stoff führt bei der Einwirkung auf Stahl **nicht** zu einer Korrosion?
    a) verflüssigtes Butangas
    b) Kochsalzlösung
    c) feuchte Luft
    d) feuchtes Chlor

38. In welchem Behälter kann verdünnte Schwefelsäure durch Abdestillieren konzen-
    triert werden?
    a) Stahlbehälter
    b) emaillierter Behälter
    c) Gußeisenbehälter
    d) polyethylenbeschichteter Behälter

39. Wie bezeichnet man die Eigenschaft eines Werkstoffes, unter Belastung nachzu-
    geben und bei Entlastung die ursprüngliche Form wieder anzunehmen?
    a) Plastizität
    b) Elastizität
    c) Zähigkeit
    d) Dehnbarkeit

40. Aus welchem Werkstoff werden Gleitlager bevorzugt hergestellt?
    a) niedriglegierter Stahl
    b) Bronze
    c) Kupfer
    d) Blei

41. Für welche Verwendungsart ist Blei **nicht** einsetzbar?
    a) Schutz gegen radioaktive Strahlung
    b) Behälterauskleidung für Schwefelsäure-Lagerung
    c) Rohrleitung für Trinkwasserversorgung
    d) Dichtungsmaterial

42. Wodurch kann man die mechanischen Eigenschaften von Kunststoffen wesentlich verbessern?
Durch Einarbeiten von
a) Glasfasern
b) Stabilisieren
c) Gleitmitteln
d) Farbstoffen

43. Was versteht man unter Thermoplasten?
a) Bei höherer Temperatur härtbare Kunststoffe
b) Besonders temperaturunempfindliche Kunststoffe
c) Bei Raumtemperatur pastenartige Kunststoffe
d) Bei höherer Temperatur unformbare Kunststoffe

44. Welches Material eignet sich für die Wellenabdichtung eines Rührers mit ungekühlter Stopfbuchse?
a) Thermoplast-Packung
b) Duroplast-Packung
c) Graphit-Packung
d) Hanf-Packung

45. Welche Maßnahme kann bei einem erdverlegten Stahlbehälter dem Schutz vor Korrosion dienen?
a) Anlegen einer Wechselspannung
b) Anlegen einer Gleichspannung
c) Erden des Behälters
d) Verkupfern des Behälters

46. Welcher Werkstoff ist durch Wärme **nicht** verformbar?
a) Polyvinylchlorid
b) Stahl
c) Quarzglas
d) Graphit
e) Acrylglas

47. Welcher Werkstoff ist für Wärmeaustauscher besonders geeignet?
a) Kupfer
b) Kunststoff
c) Gußeisen
d) Keramik
e) teflonbeschichteter Stahl

48. Welches Metall eignet sich nicht zur Herstellung von Edelstahl?
    a) Chrom
    b) Nickel
    c) Wolfram
    d) Blei
    e) Vanadium

49. Welches Material ist für den Oberflächenschutz **nicht** geeignet?
    a) Cadmium
    b) Kunststoff
    c) Zink
    d) Email
    e) Eisen

50. Welche Zuordnung ist **falsch**?
    a) Blei   / beständig gegen konzentrierte Schwefelsäure
    b) Asbest / synthetischer Werkstoff
    c) Korund / Schleifmaterial
    d) Graphit / elektrisch leitend
    e) Keramik/ beständig gegen konzentrierte Salzsäure

51. Welcher Werkstoff wird überwiegend zur Herstellung funkenarmer Werkzeuge verwendet?
    a) Kupfer-Nickel-Legierung
    b) Chrom-Nickel-Legierung
    c) Magnesium-Aluminium-Legierung
    d) Kupfer-Beryllium-Legierung
    e) Nickel-Zink-Legierung

52. Welcher der genannten Kunststoffe läßt sich **nicht** durch Warmformung bearbeiten?
    a) Polystyrol
    b) Epoxidharz
    c) Polymethylmethacrylat
    d) Polyamid
    e) Polyvinylchlorid

53. Kautschuk ist im Rohzustand technisch **nicht** verwendbar. Welcher Stoff wird beim Vulkanisieren zugesetzt?
    a) Silicium
    b) Kochsalz
    c) Soda
    d) Schwefel

54. Zwei Aluminium-Bleche, die der Luftfeuchtigkeit ausgesetzt sind, wurden durch Kupfer-Niete verbunden. Die Verbindung war nach einiger Zeit zerstört.
    Was war die Ursache?
    a) Korrosion der Kupfer-Nieten durch den Luftsauerstoff
    b) Materialspannungen, die durch falsches Nieten verursacht wurden.
    c) unterschiedliche Längenausdehnung der Metalle durch Temperaturschwankungen
    d) Korrosion der Aluminium-Bleche durch den Luftsauerstoff
    e) Bildung eines galvanischen Elementes, wobei das unedlere Metall zerfressen wurde

55. Welchen Wert hat der Multiplikator für Kohlenstoff in der Werkstoff-Normung?
    a)   1
    b)   4
    c)   5
    d)   10
    e) 100

56. Welches Material hat die größte Härte?
    a) Titan
    b) Asbest
    c) Quarz
    d) Wolfram-Stahl
    e) Korund

57. Welches Material eignet sich für Rohrleitungen, in denen feuchtes Chlorwasserstoffgas abgeleitet wird?
    a) Stahl
    b) verzinkter Stahl
    c) Polyethylen
    d) Aluminium
    e) Messing

58. Bei welchem Kunststoff verwendet man Glasfasern zur Verstärkung?
    a) Polyvinylchlorid
    b) Hartpapier
    c) Polyethylen
    d) Vulkanfiber
    e) Polyesterharz

59. Welches Material wird durch konzentrierte Salpetersäure passiviert?
    a) Porzellan
    b) Aluminium
    c) Messing
    d) Kupfer
    e) Bronze

60. Aus welchem Material muß ein Behälter beschaffen sein, um große Mengen konzentrierte Schwefelsäure zu lagern?
    a) Normalglas
    b) Quarzglas
    c) Polyethylen
    d) Stahl
    e) Kupfer

61. Welche Zuordnung ist **falsch**?
    a) Kupfer   / unbeständig gegen konz. Salpetersäure
    b) Bronze   / Legierung aus Kupfer und Zinn
    c) Email   / wird von Alkalien zerstört
    d) Kunststoffe / gut geeignet für Wärmeaustauscher
    e) Zink   / geeignet für Oberflächenschutz

62. Was versteht man unter interkristalliner Korrosion?
    a) Die Bildung einer schützenden Oxidschicht auf Metallen.
    b) Eine Korrosion, die an den Korngrenzen der metallischen Werkstoffe auftritt.
    c) Eine Korrosion, die im Korngefüge der Metalle entsteht.
    d) Die Bildung einer Oxidschicht auf Aluminium durch Eloxieren.
    e) Die Bildung einer Oxidschicht auf Stahlteilen durch Rosten.

63. Was sind Silikone?
    a) Silicium-haltige Kunststoffe
    b) Quarzhaltige keramische Werkstoffe
    c) Anorganische Isolierstoffe
    d) Abgewandelte Naturstoffe
    e) Aushärtbare Gießharze

64. Welches reine Metall ist im chemischen Apparatebau als Werkstoff **nicht** geeignet?
    a) Aluminium
    b) Titan
    c) Magnesium
    d) Kupfer

65. Welche Flüssigkeit darf **nicht** durch Rohre aus Polyethylen gepumpt werden?
    a) Ammoniakwasser
    b) Salzsäure
    c) Glycerin
    d) Natronlauge
    e) Benzol

66. Welcher der aufgeführten Werkstoffe ist der beste Wärmeleiter?
    a) Stahl
    b) Kupfer
    c) Porzellan
    d) Email
    e) Kunststoff

67. Welcher Werkstoff neigt besonders zu elektrostatischen Aufladungen?
    a) Asbest
    b) Glaswolle
    c) Messing
    d) Polyethylen
    e) Porzellan

68. Welche Eigenschaft haben Thermoplaste?
    a) Sie haben eine hohe Dichte.
    b) Sie sind schlechte elektrische Leiter.
    c) Im Vergleich zu vielen Metallen sind sie formbeständig.
    d) Sie verfügen über eine gute Wärmeleitfähigkeit.

69. Welche Eigenschaft hat Roheisen?
    a) Es ist spröde.
    b) Es ist zäh.
    c) Es ist gut schmiedbar.
    d) Es ist gut schweißbar.

70. Ein Werkstoff ist wie folgt gekennzeichnet: X 10 CrNi 18 8. Was kann aus dieser Werkstoffkennzeichnung abgelesen werden?
    a) Die Herstellungsart des Werkstoffs
    b) die Behandlungsart des Werkstoffs
    c) Die chemische Zusammensetzung des Werkstoffs
    d) Die Festigkeit des Werkstoffes

71. Wie bezeichnet man einen Werkstoff, der neben Eisen 0,25 % C, 1 % Cr und 0,8 % Mo enthält?
    a) als hochlegierten Stahl
    b) als Edelstahl
    c) als niedriglegierten Stahl
    d) als Verbundwerkstoff

72. Welcher Stoff wirkt nicht als Elektrolyt bei der elektrochemischen Korrosion?
    a) Luftfeuchtigkeit
    b) wäßrige Salzlösung
    c) Säuren
    d) Paraffinöl

73. Welcher Werkstoff läßt sich ohne Schutzgas durch Schweißen verbinden?
    a) Polyesterharz
    b) Magnesium
    c) Hartgummi
    d) Zink
    e) Polyvinylchlorid

74. Welche Aussage ist **falsch**?
    a) Steingutbehälter sind gegen konz. Salzsäure beständig.
    b) Kupfer läßt sich durch konz. Salpetersäure passivieren.
    c) Polyvinylchlorid ist ein schlechter Wärmeleiter.
    d) Graphit ist als Elektrodenmaterial geeignet.

75. Welche Zuordnung ist richtig?
    a) Eloxal ist korrosionsbeständig.
    b) Titan ist eine Legierung.
    c) Messing ist eine Legierung aus Kupfer und Zinn.
    d) Aluminium ist alkalienbeständig.
    e) Polyethylen ist ein Duroplast.

76. Für welche Flüssigkeiten sind Dichtungen, Schläuche oder Auskleidungen aus Gummi **un**geeignet?
    a) organische Lösemittel
    b) Säuren
    c) Laugen
    d) konzentrierte Salzlösungen

77. Welches Material kann man als Werkstoff für Rohrleitungen für verdünnte Schwefelsäure **nicht** verwenden?
    a) Polyvinylchlorid
    b) Glas
    c) Blei
    d) Stahl

78. Welcher Behälter ist zur Lagerung von alkalischen Lösungen **nicht** geeignet?
    a) voll verzinkter Stahl-Behälter
    b) Chromnickelstahl-Behälter
    c) mit Polyethylen beschichteter Behälter
    d) Gußeisen-Behälter

79. Welcher Werkstoff ist für Wärmetauscher gut geeignet?
    a) emaillierter Stahl
    b) Aluminium
    c) Polyesterharz glasfaserverstärkt
    d) Gußeisen

80. Welche Eigenschaft der Kunststoffe wirkt sich in der Regel nachteilig auf ihre Einsetzbarkeit aus?
    a) die niedrige Dichte
    b) die geringe Wärmeleitfähigkeit
    c) die Säurebeständigkeit
    d) die geringe Wärmebeständigkeit

81. Welche Zuordnung ist **falsch**?

Chemikalie	Behälter
a) Schwefelsäure	Blei-Behälter
b) Salzsäure	Gußeisenbehälter
c) Salpetersäure	Aluminium-Behälter
d) Natronlauge	Stahlbehälter
e) Essigsäure	Steingutbehälter

82. Ein hochlegierter Stahl ist wie folgt bezeichnet:

    X 5 CrNiMo 18 12

    Wie verteilen sich die Massenanteile der Bestandteile?
    a) 5   % Cr   18% Ni   12% Mo
    b) 0,05% C   18% Cr   12% Ni   geringer Mo-Anteil
    c) 5   % Cr   12% Ni   18% Mo   geringer C-Anteil
    d) 0,05% C   5% Cr   18% Ni   12% Mo

83. Welche Festigkeit wird wie folgt beschrieben:
„Die äußeren Kräfte wirken in Richtung der Stabachse und längen den Stab!"
a) Druckfestigkeit
b) Zugfestigkeit
c) Biegefestigkeit
d) Schubfestigkeit

84. Welcher Kunststoff ist auch bei hoher Druckbelastung selbstschmierend?
a) Polytetrafluorethylen
b) Polyvinylchlorid
c) Polystyrol
d) Polyethylen

85. Ein Werkstück aus Eisen liegt ungeschützt in feuchter Luft. Welche Aussage ist **falsch**?
a) Das Werkstück wird schwerer.
b) Das Eisen wird oxidiert.
c) Das Eisen rostet.
d) Die durchschnittliche Dichte des Werkstücks bleibt gleich.

86. Welcher Korrosionsschutz wird galvanisch aufgetragen?
a) Emailschicht
b) Phosphatschicht
c) Lackschicht
d) Chrom-Schicht
e) Kunststoffschicht

87. Wogegen ist reines Aluminium als Werkstoff bei ca. 20 °C beständig?
a) Essigsäure
b) Schwefelsäure
c) Salzsäure
d) Natronlauge
e) Soda-Lösung

88. Welcher der genannten Werkstoffe ist gegen stark alkalische Lösungen **nicht** beständig?
a) Temperguß
b) Stahlguß
c) Bronze
d) Polytetrafluorethen
e) Aluminium

89. In welcher Zeile sind nur Werkstoffe aufgeführt, die zu den elektrischen Leitern zählen?
    a) Kupfer, Glas, Aluminium
    b) Porzellan, Blei, Silber
    c) Graphit, Messing, Aluminium
    d) Stahl, Gummi, Eisen
    e) Silber, Gold, PVC

90. Was versteht man bei Stahl unter dem Begriff Korrosion?
    a) Abnutzung durch mechanische Beanspruchung
    b) Bildung von Zunderschichten beim Glühen
    c) Von der Oberfläche ausgehende Zerstörung durch chemische oder elektro-chemische Vorgänge
    d) Veränderung der Oberfläche durch Sandstrahlen
    e) Abscheiden von unedlen Metallen auf der Oberfläche

91. Welche Aussage über die genannten Werkstofe ist richtig?
    a) Kunststoffe sind gute Wärmeleiter.
    b) Keramik ist beständig gegen konzentrierte Salzsäure.
    c) Aluminium ist ein schlechter Leiter für den elektrischen Strom.
    d) Blei ist ein wichtiger Legierungsbestandteil für korrosionsfeste Stähle.
    e) Gußeisen ist beständig gegen verdünnte Schwefelsäure.

92. Welche Aussage über die genannten Werkstoffe ist richtig?
    a) Eloxiertes Aluminium ist witterungsbeständig.
    b) Bronze ist ein Element.
    c) Messing ist eine Legierung aus Kupfer und Zinn.
    d) Aluminium ist alkalibeständig.
    e) Polyethylen ist ein Duroplast.

93. Welcher der genannten Kunststoffe läßt sich **nicht** durch Warmformung bearbeiten?
    a) Polystyrol
    b) Epoxidharz
    c) Polymethylmethacrylat
    d) Polyamid
    e) Polyvinylchlorid

94. Welchen wesentlichen Nachteil haben Kunststoffteile im Vergleich zu entsprechenden Teilen aus Stahl?
    a) Sie sind schwerer.
    b) Sie sind nicht so witterungsbeständig.
    c) Sie lassen sich schlechter verformen.
    d) Sie haben eine wesentlich geringere Warmfestigkeit.
    e) Sie sind nicht so korrosionsbeständig.

95. Wie bezeichnet man folgende Eigenschaft eines Werkstoffs:
Er gibt unter Belastung nach und nimmt nach Beendigung der Belastung wieder die ursprüngliche Form an?
a) Festigkeit
b) Dehnbarkeit
c) Elastizität
d) Plastizität
e) Zähigkeit

96. Bei welchem der genannten Korrosionsschutzverfahren wird eine Schutzschicht aus Glaspulver und Farbstoffen auf das Werkstück aufgebracht?
a) Phosphatieren
b) Eloxieren
c) Galvanisieren
d) Emaillieren
e) Chromatieren

97. Zwei Metalle werden durch Zusammenschmelzen vereinigt. Wie wird der entstehende Werkstoff genannt?
a) Metallische Verbindung
b) Legierung
c) Metallgemisch
d) Metallgemenge
e) Chemische Verbindung

98. Welche der genannten Eigenschaften muß ein Werkstoff aufweisen, der als Wärmespeicher verwendet wird?
a) Er muß eine große Wärmeleitfähigkeit aufweisen.
b) Er muß eine niedrige Schmelztemperatur haben.
c) Er muß eine große spezifische Wärmekapazität haben.
d) Er muß eine niedrige Siedetemperatur aufweisen.
e) Er muß eine große Wärmeausdehnung haben.

99. Welcher der genannten Werkstoffe eignet sich für Wärmetauscher, durch die heiße, stark alkalische Flüssigkeiten geleitet werden sollen?
a) Graphit
b) Keramik
c) Glas
d) Kunststoff
e) Aluminium

100. Welche Eigenschaft hat die Kunststoffgruppe der Duroplaste?
    a) Schmelzbar
    b) Hart
    c) Weich
    d) Nicht wasserbeständig
    e) Sehr elastisch

101. Welches der genannten Dichtungsmaterialien kann bei einer Flanschverbindung **nicht** eingesetzt werden, wenn Temperaturen bis 400 °C zu erwarten sind?
    a) Aluminium
    b) Blei
    c) Kupfer
    d) VA-Stahl
    e) Weicheisen

102. Welche elektrochemische Werkstoffzerstörung tritt nur im Zusammenhang mit mechanischer Beanspruchung auf?
    a) Flächenkorrosion
    b) Lochfraß
    c) Spannungsrißkorrosion
    d) Erosion
    e) Kontaktkorrosion

103. Welcher der genannten Werkstoffe ist gegen stark alkalische Lösungen **nicht** beständig?
    a) Temperguß
    b) Stahlguß
    c) Bronze
    d) Polytetrafluorethen
    e) Aluminium

104. Die Herstellung von galvanischen Überzügen hat verschiedene Aufgaben. Was ist **nicht** Aufgabe einer galvanischen Schicht?
    a) Schutz vor Korrosion
    b) Dekoratives Aussehen
    c) Metalleffekte auf Kunststoff
    d) Erhöhung der Abriebfestigkeit
    e) Erhöhung des elektrischen Widerstands

105. Für eine Rohrleitung, die unter Innendruck steht, soll ein Werkstoff ausgewählt werden. Worauf muß dabei besonders geachtet werden?
    a) Biegefestigkeit
    b) Zugfestigkeit
    c) Scherfestigkeit
    d) Torsionsfestigkeit
    e) Erosionsfestigkeit

106. Zwei Aluminiumbleche, die der Luftfeuchtigkeit ausgesetzt sind, wurden durch Kupferniete verbunden. Die Verbindung war nach einiger Zeit zerstört. Was war die Ursache?
    a) Die Korrosion der Aluminiumbleche durch den Luftsauerstoff
    b) Die Korrosion der Kupferniete durch den Luftsauerstoff
    c) Die Bildung eines elektrochemischen Elements, wobei das unedlere Metall zerstört wird
    d) Die durch falsches Nieten hervorgerufenen Materialspannungen
    e) Die durch Temperaturschwankungen bewirkten unterschiedlichen Längenänderungen der Bauteile

107. Welches der genannten Begleitelemente des Eisens muß bei der Stahlherstellung so weit wie möglich aus dem Roheisen entfernt werden?
    a) Chrom
    b) Mangan
    c) Silicium
    d) Phosphor
    e) Kohlenstoff

108. Welche der genannten Beanspruchungen tritt besonders bei Rohrleitungen auf, in denen Feststoffe pneumatisch gefördert werden?
    a) Knickung
    b) Abscherung
    c) Dehnung
    d) Erosion
    e) Korrosion

109. Welcher der genannten Werkstoffe enthält als Legierungsbestandteil Kohlenstoff?
    a) Aluminium
    b) Bronze
    c) Graphit
    d) Messing
    e) Stahl

Antworten Schlußtest Werkstoffkunde

1. a; 2. b; 3. c; 4. b; 5. c; 6. d; 7. a; 8. c; 9. a; 10. d; 11. a; 12. a; 13. b; 14. d; 15. b; 16. a; 17. b; 18. d; 19. c; 20. a; 21. a; 22. b; 23. b; 24. b; 25. d; 26. b; 27. b; 28. c; 29. c; 30. b; 31. c; 32. d; 33. b; 34. b; 35. c; 36. b; 37. a; 38. b; 39. b; 40. b; 41. c; 42. a; 43. d; 44. c; 45. b; 46. d; 47. a; 48. d; 49. e; 50. b; 51. d; 52. b; 53. d; 54. e; 55. e; 56. e; 57. c; 58. e; 59. b; 60. d; 61. d; 62. b; 63. a; 64. c; 65. e; 66. b; 67. d; 68. b; 69. a; 70. c; 71. c; 72. d; 73. e; 74. b; 75. a; 76. a; 77. d; 78. a; 79. b; 80. b; 81. b; 82. b; 83. b; 84. a; 85. d; 86. d; 87. a; 88. e; 89. c; 90. c; 91. b; 92. a; 93. b; 94. d; 95. c; 96. d; 97. b; 98. c; 99. a; 100. b; 101. b; 102. c; 103. e; 104. e; 105. b; 106. c; 107. e; 108. d; 109. e.

Antworten zu den Übungen 1–10

Ü 1

1. Metalle
   Verbundmetalle
   Nichtmetalle

2. physikalische Eigenschaften
   technologische Eigenschaften
   chemische Eigenschaften
   wirtschaftliche Gesichtspunkte

3. Festigkeit
   Temperaturbeständigkeit
   Korrosionsbeständigkeit

4. Herstellungsteil
   Zusammensetzungsteil
   Behandlungsteil

5.

$$\text{X} \quad 5 \quad \underbrace{\text{Cr} \quad \overbrace{\text{Ni}}^{12\% \text{ Nickel}} \quad \text{Mo}}_{18\% \text{ Chrom}} \quad 18 \quad 12$$

   hoch   geringer Molybdän-Gehalt
   legierter
   Stahl
     Kohlenstoff
     Kennzahl
   $\dfrac{5}{100} = 0,05\% \text{ C}$

6. d

7. b

8. c

9. 14 Ni Cr 10 2
   niedrig legierter Stahl, $\dfrac{14}{100} = 0,14\%$ Kohlenstoff,
   $\dfrac{10}{4} = 2,5\%$ Nickel, $\dfrac{2}{4} = 0,5\%$ Chrom

10. d

Ü 2

1. mehr als 2.0%
2. Lamellengraphit,
   Kugelgraphit
   Lamellengraphit (Grauguß)
   Kugelgraphit (Temperguß)
3. Unter Stahlguß versteht man in Formen gegossenen Stahl.
4. Stahlguß wird dort eingesetzt, wo seine mechanischen Eigenschaften erforderlich sind, und wenn die komplizierte Form des Gegenstandes eine andere Herstellung als durch Gießen nicht erlaubt.
5.   GG − 20
   Grauguß   Mindestzugfestigkeit 200 N/mm^2
6. d

Ü 3

1. Leicht- und Schwermetalle
   Schwermetalle
   Leichtmetalle
2. Reinheitsgrad
   Korrosionsbeständigkeit
3. Buntmetalle
   Weißmetalle
   Legierungsmetalle
   Edelmetalle
4. Kupfer und Zink
   Kupfer und Zinn
5. e; 6. b; 7. d; 8. b; 9. d; 10. c; 11. b

Ü 4

1. natürliche und künstliche Werkstoffe
2. Glas
   Email
   Korrosionsbeständigkeit
   Steingut, Steinzeug, Porzellan
   Feuerfest
3. Kohlenstoff
   korrosionsbeständig
4. Schwefel
   Elastizität

5. Naturfasern, Saugfähigkeit
   Kunststoff-Fasern, Festigkeit
   Kunststoff-Fasern
6. d

Ü 5

1. Erdöl, Erdgas, Kohle
2. Kohlenstoff-Verbindungen
3. Temperaturbeständigkeit, Festigkeit, Brennbarkeit
4. Thermoplaste, Duroplaste, Elastomere
5. Thermoplaste
   Duroplaste

6. Kunststoffe	Thermoplaste	Duroplaste	Elastomere
Polyethylen (PE)	×		
Siliconkautschuk			×
Phenolharz (PF)		×	
Polypropylen (PP)	×		
Polyvinylchlorid (PVC)	×		
Epoxidharz (EP)		×	
Polyurethanharz (PUR)		×	
Bunal (synthetischer Kautschuk)			×
Polystyrol	×		
Polyesterharz		×	
PTFE (Teflon)	×		
Aminoharz		×	
Naturkautschuk			×
Polyamide	×		
Polyurethangummi			×
PMMA (Plexiglas)	×		

7. a; 8. c; 9. a; 10. b; 11. a; 12. b; 13. b; 14. c; 15. b; 16. d

Ü 6

1. Glasfaserverstärkten Kunststoff
   Plattierte Bleche
2. Verstärkungskomponente (Verstärkungsmaterial)
   Matrix (Bindung)
3. Die Vorteile der Einzelwerkstoffe werden kombiniert, die Nachteile der Einzelwerkstoffe werden überdeckt bzw. ausgeschaltet.

4. glasfaserverstärkte **K**unststoffe
5. Die Matrix, auch Bindung genannt, bildet den Gerüststoff (aufnehmende Phase).
6. Teile für das Bauwesen und den Bootsbau, Spezialwerkzeuge, Gießereiformen, Rohrleitungen, Behälter und auch Zahnräder und Zahnscheiben
7. b
8. Glasfaser + Kunststoff → GfK
9. Verstärkungskomponente
   Matrix
10. Faser-
    Teilchen-
    Schicht-
11. Schicht-
    Grundwerkstoff
    mechanische Belastung
    Korrosion

Ü 7

1. thermisch
   mechanisch
2. – Erosion, Verschleiß
   – Werkstoffermüdung
   – Kavitation
   – Mechanische Überbeanspruchung und Verformung
3. Erosion
4. Kavitation
5. thermisch
6. b

Ü 8

1. Unter Korrosion versteht man einen unerwünschten chemischen oder elektrochemischen zerstörenden Angriff auf eine Werkstoffoberfläche.
2. chemische
   elektrochemische
3. Korrosion verursachen
   Korrosion erleiden
   Eigenschaften der Umgebung, eine Korrosion zu verursachen
4. mechanische Beanspruchung

5. Flächenkorrosion
   Muldenkorrosion
   Spaltkorrosion
   Spannungsriß-Korrosion
   Interkristalline Korrosion
   Transkristalline Korrosion
   Messerschnitt-Korrosion

6. weiter
   Spannungsreihe
   Elektrolyt

7. a) Zink
   b) Eisen

8. c)

Ü 9

1. Nichtmetallische Überzüge

   Schutzgasatmosphäre

   Metallische Überzüge

   Katodischer Schutz

   Korrosionsschutz-günstige Konstruktion

2. Einölen und Einfetten

3. Ölfarben, Teerfarben und Kunstharzlacke
   Grund- und Deckanstrich
   Mennige

4. elektrisch isolierend
   größere Schichtdicken
   Stoff- und Temperatureinflüssen

5. billige
   elektrische
   Eisenphosphat
   entrostet und entfettet
   Unterrostens

6. chromsäurehaltige

7. Aluminiumoxid (Al_2O_3)
   Eloxal
   Eloxal
   Passivierung

8. elektrochemisch
   positiv
   der Zink-Überzug
   positiv
   das Grundmetall

9. Galvanisieren
   Schmelztauchen
   thermisches Spritzen
   Diffundieren
   Plattieren

   Elektrolyse
   Gleichstrom
   Kathode

10. Schmelztauchen
    Chromieren
    Diffundieren

    Plattieren

    verzinntes

    positiv
    galvanisch
    Plattieren

11. Schutzgashülle/Schutzgasatmosphäre

12. katodischer Korrosionsschutz
    Opfer-Anode
    unedlere

13. korrosionsschutzgerechte
    korrosionsbeständiger Werkstoffe
    korrosionsschutzgünstige

Ü 10

1. a
   b
   c

2. Zug
   Druck
   Knickung
   Biegung
   Schub
   Torsion

3. Werkstoffprüfungen (ohne Genauwerte)
   mechanischen

4. statischen
   dynamische
   technologische

5. Elastizitätsgrenze
   Bruchgrenze
   Zerreißgrenze

6. Torsion
   Torsionsfestigkeit

7. Härte
   Brinelli
   Vickers

8. dynamischen
   Zähigkeit
   zäher

9. dynamischen
   wechselnder
   unterhalb

10. Technologische

11. Die zerstörungsfreie Werkstoffprüfung dient zur Feststellung von Werkstoffehlern in fertigen Werkstücken und Halbzeugen.

Register